STEP 01
색의 이해 **04**

STEP 02
모발의 이해 **14**

STEP 03
약제의 이해 **18**

STEP 04
토닝이란? **26**

STEP 05
기화현상 예방, 대처 **30**

STEP 06
탈색 도포 테크닉 **34**

STEP 07
헤어컬러 체인지 **38**

STEP 08
블랙빼기 프로세스 **44**

STEP 09
디자인 염색 **50**

STEP 10
옴브레 디자인 **54**

STEP 11
면 그라데이션 **62**

STEP 12
진브레 위빙 디자인 **66**

STEP 13
미들 포인트 디자인 **70**

STEP 14
원 베이스 포인트 강조 디자인 **74**

STEP 15
나뭇잎 전대각 패턴 **78**

STEP 16
유니콘 디자인 풀컬러 **84**

블리치 ✚ 온 스킬
STEP 01

색의 이해

색의 삼속성 : 명도, 채도, 색상
삼원색 : 빨강, 노랑, 파랑
염색의 결과는 삼원색이라는 나침판을 따라가야 합니다.

Bleach on skill

블리치온스킬

STEP 1 색의 이해

색의 삼원색

색의 삼원색은 1차색 이라고 부르기도 하며 빨강 노랑 파랑을 말한다.

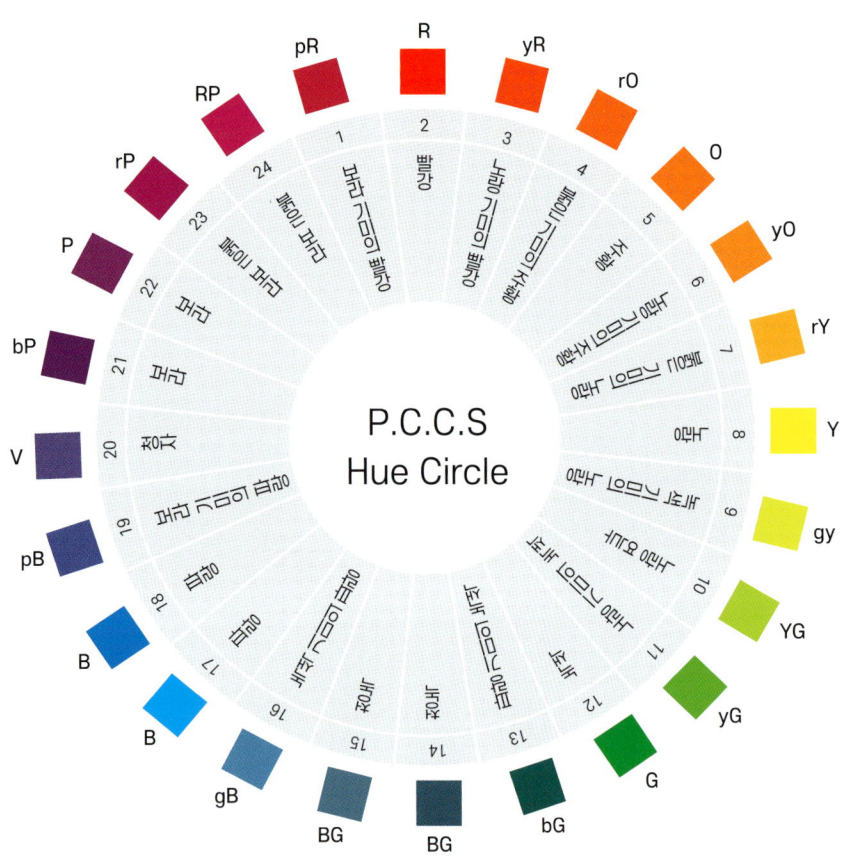

1차색 + 1차색 = **2차색**

2차색은
- 빨강 + 노랑 = 주황
- 노랑 + 파랑 = 초록
- 파랑 + 빨강 = 보라

1차색 + 2차색 = **3차색**

색의 삼속성

명도
색의 밝고 어두움을 말한다.
즉, 색의 밝기를 뜻한다.

채도
색의 맑고 탁한 정도를 말한다.
즉, 색의 선명도를 뜻한다.

색상
고유의 특성을 가지고 있는
빨강, 노랑, 파랑 등의 색감을 말한다.
유채색과 무채색으로 나뉜다.

색의 종류 - 유채색, 무채색

톤표를 이해하면 색을 조색하기 편하다

톤표만 이해를 잘해도 우리가 원하는 명도와 채도에 가까워질 수 있다!

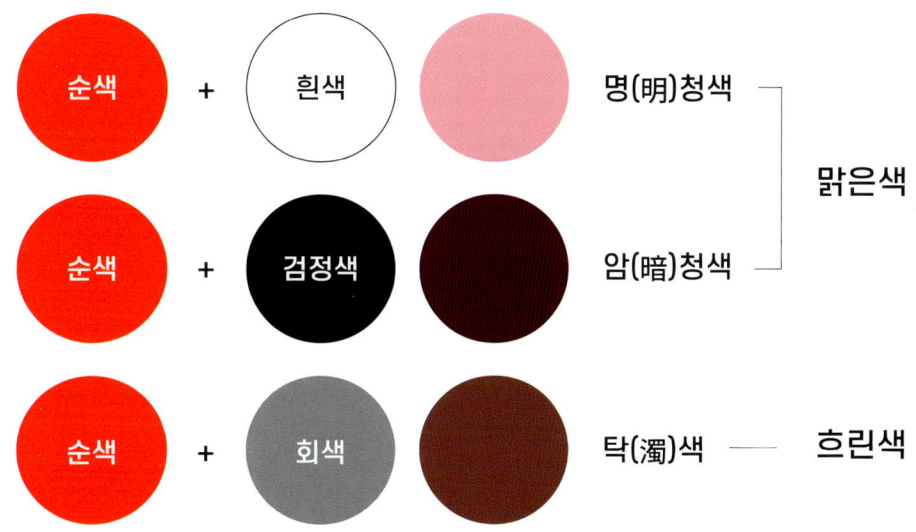

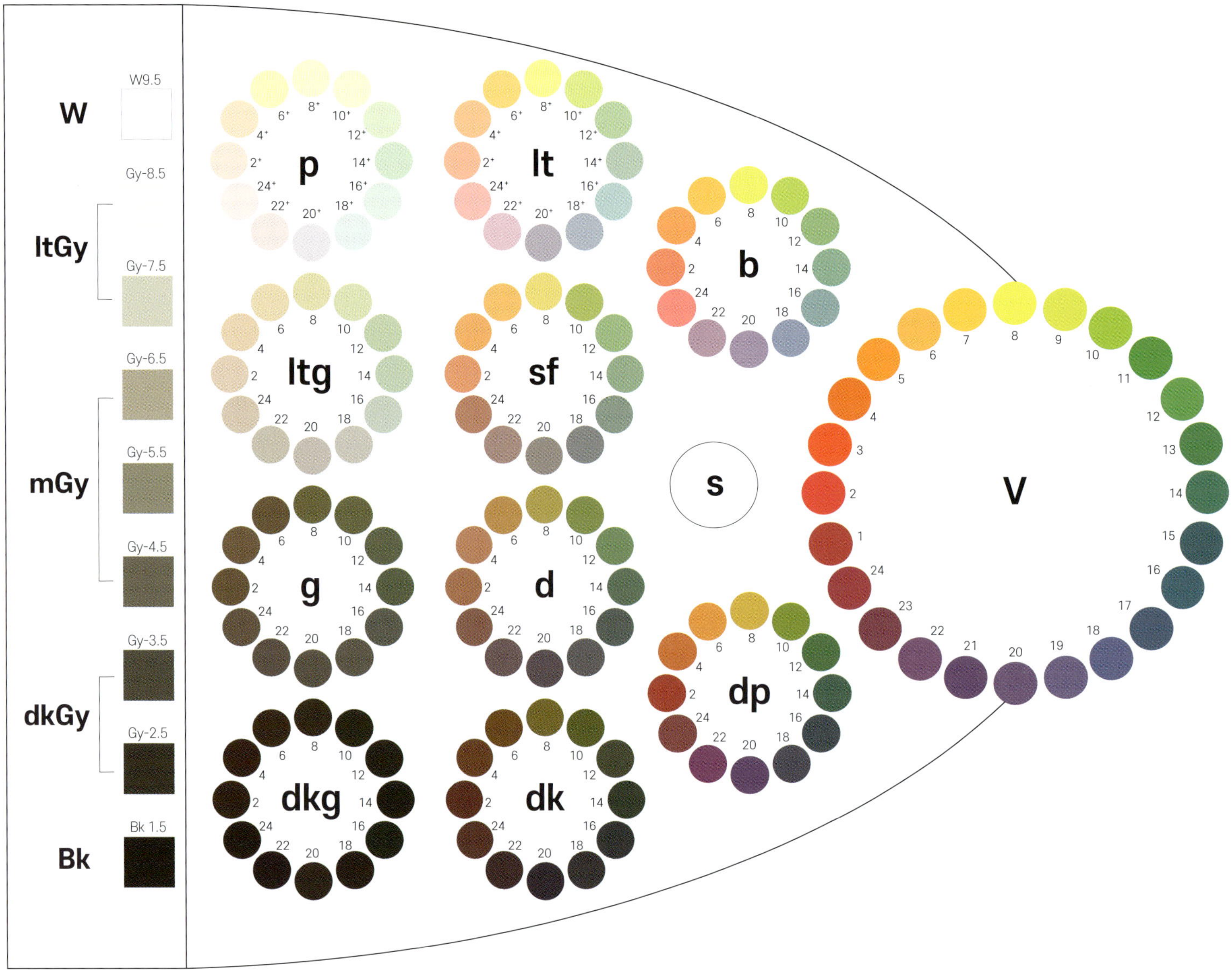

STEP 1 색의 이해

톤 조작으로 명암을 부여한다.

톤이란 명도와 채도의 밸런스에 따라 생기는 표정 상태를 가리킨다. 예를 들어 큰 섹션에 하이라이트 & 로우라이트를 컬러 디자인에 조합하면 밸런스에 따라서 일체감이 결여되기도 한다. 이렇게 대담하게 명암 차이를 디자인하는 경우 같은 계열 색으로 톤이 다른 색을 배치하면 콘트라스트를 붙이면 정돈된 느낌을 만들 수 있다.

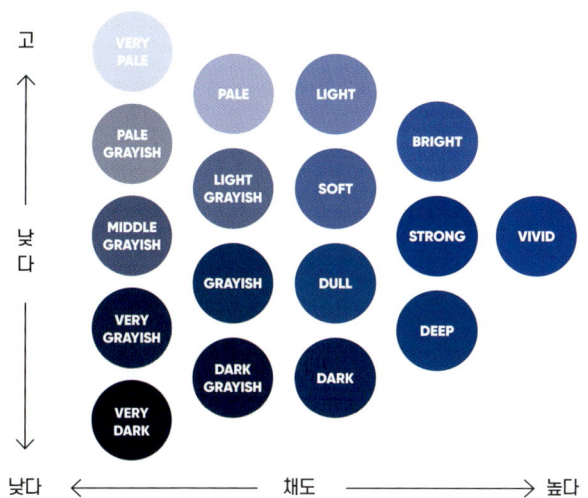

두 번째 표는 각각의 붉은계열과 푸른계열의 톤표.
4레벨 이상의 명도 차이가 생기도록 모발 색의 톤을 다르게 배치하면 탄력감과 정돈된 느낌을 양립할 수 있다.

톤 표

순색 + 흰색 = 명청색 (밝을 명, 맑을 청, 색 색 - 밝고 맑은 색)
순색 + 검정 = 암청색 (어두울 암, 맑을 청, 색 색 - 어둡고 맑은 색)
순색 + 회색 = 중간색 - 탁색 (흐릴 탁, 색 색 - 흐린 색)

청색이란?

맑을 청, 색 색 : 맑은색을 말한다.
순색에 흰색 또는 검은색을 섞은 유무에 따라 명청색과 암청색으로 나뉜다.

순색의 염모제 + 라이트너 = 명청색
순색의 염모제 + 어두운 브라운 or 블랙 = 암청색
순색의 염모제 + 모노톤 or 중명도 브라운 = 중간색

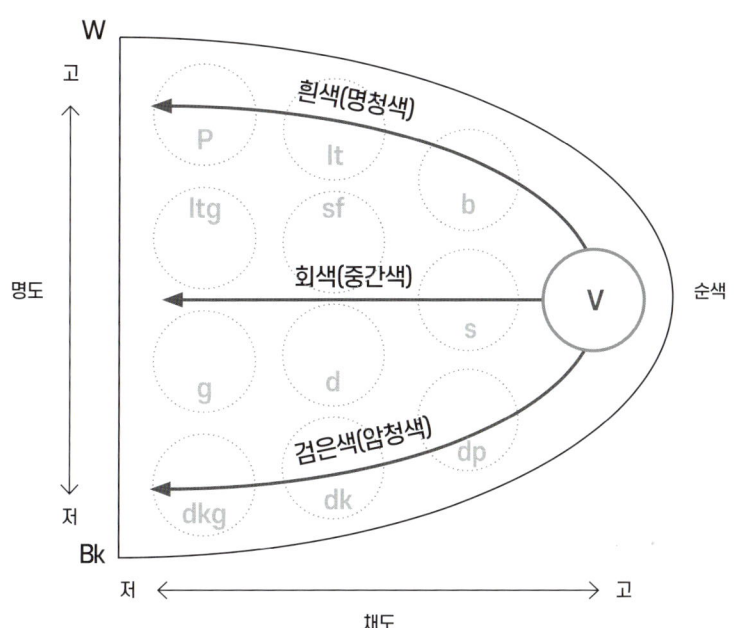

먼셀의 컬러트리

감법혼색 : 혼합한 색이 원래의 색보다 어두워 보이는 혼색, 물감, 잉크, 염료 등을 섞거나 필터를 겹쳐서 사용하는 경우

먼셀의 색입체에서 확인을 해보면 이론상 색의 힘은
1차 색의 경우 노랑 < 빨강 < 파랑 순서로
2차 색의 경우 주황 < 초록 < 보라 순서이다.

염모제나 물감, 잉크 등의 경우 색이 섞이면 감법혼색에 의해 더 어두워 지거나 탁해지는 현상이 생긴다.

Ex) 노랑 + 빨강 = 주황 여기서 주황은 노랑과 빨강의 혼합에 의해 색이 어두워 지거나 탁해지는 현상이 생겨서 힘의 파워가 결정된다.
노랑 < 빨강
노랑 < 주황 < 빨강의 순서로 힘의 세기가 결정된다.

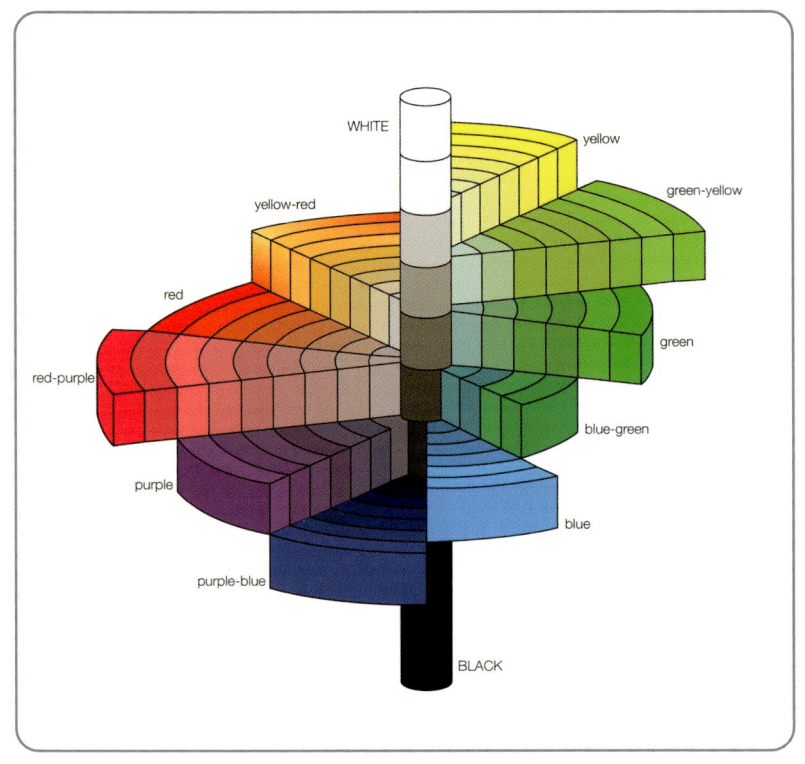

염모제나 물감, 잉크 등의 경우 색이 섞이면 감법혼색에 의해 더 어두워 지거나 탁해지는 현상이 생긴다.
노랑 < 연두 < 주황 < 녹색 < 빨강 < 청록 < 보라 < 파랑 < 남색

하지만 실제 우리가 사용하는 염모제는 염모제의 회사에서 색의 파워를 조정해서 출시하기 때문에 이론과는 조금 다를 수 있지만 대체로 이 색의 파워를 따르고 있다.

색의 파워

실제 이론상 색의 힘과 실제 염모제를 사용했을 때 표현되는 힘은 약간은 다르다.
모발의 멜라닌 색소 + 염모제의 색 = 헤어컬러

우리 모발에는 흑갈색 ~ 붉은갈색 ~ 노란색의 멜라닌 색소를 가지고 있다. 즉, 모발의 멜라닌 색소는 18레벨 이하의 모발은 대체로 붉은 기운을 조금 가지고 있다고 생각할 수 있다.

모발의 멜라닌 색소에 염모제의 색소가 더해져 붉은색이 가장 강하게 느껴지고 있기 때문에 실제 이론상의 색의 힘과는 조금 차이가 있을 수 있다.

색의 파워

* 실제 색의 파워와 다르게 헤어 컬러링에서는 붉은색이 가장 강한 파워를 가지고 있다.

보색의 파워

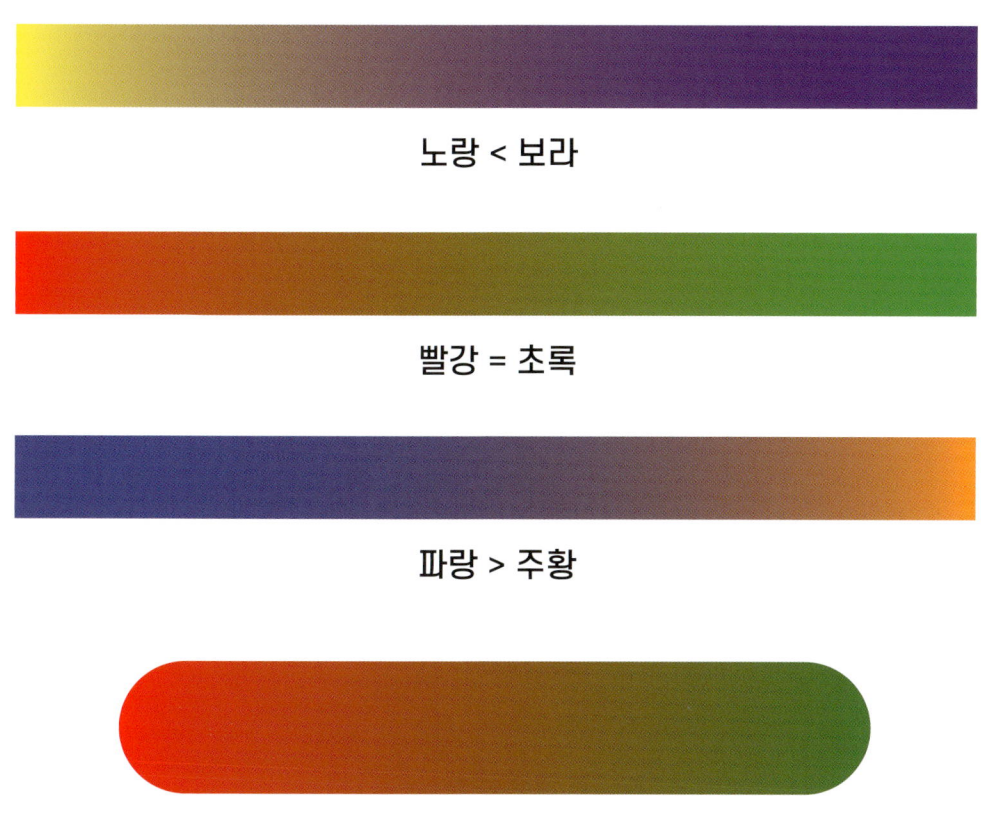

노랑 < 보라

빨강 = 초록

파랑 > 주황

붉은색을 중화시키려면
붉은색 색소의 힘 + 모발의 붉은 멜라닌 색소를 함께 중화해야 한다

STEP 1 색의 이해

혼색과 조색

혼 색   두 가지 색상을 혼합하여 다른 색채감을 일으키는 것을 말한다. 빛과 빛이 만나면 가법혼색 물감이나 염료와 같은 물채색의 혼합물은 감법혼색이라고 한다.

조 색   조색은 색을 만드는 기술적 행위를 말한다. 한 가지 색상을 사용하는 것을 원색이라고 한다면 이러한 원색들을 섞어서 원하는 색을 만드는 것을 조색이라고 한다.

> 염모제의 조색을 잘하기 위해서는 감법혼색과 색의 파워를 이해해야 한다.

조색 비율에 따라서 원하는 색을 얻을 수 있다.

염모제의 조색을 잘하기 위해서는 감법혼색과 색의 파워를 이해해야 한다.

Bleach on skill

블리치온스킬 **13**

블리치 ✚ 온 스킬
STEP 02

모발의 이해

· 모발의 색은 어떻게 결정될까??

모발내에 함유된 멜라닌 색소가 모발색의 근원, 멜라닌 색소는 검은색~갈색, 붉은갈색~노란색의 매우 작은 입자의 색소로 콜텍스 내에 존재하고 모구의 멜라노사이트에서 만들어냅니다.

흰머리는 멜라노사이트에서 멜라닌 색소를 더 이상 생성하지 않을 때 멜라닌 색소가 없어진 상태가 흰머리입니다.

Bleach on skill

멜라닌 색소에 관해서

모발색을 결정하는 멜라닌 색소에는 검은색~갈색인 유멜라닌과 붉은갈색~노란색인 페오멜라닌 2종류가 있다. 그리고, 유멜라닌의 비율이 높거나 양이 많을수록 모발은 검은색이 된다. 즉, 검은 머리는 유멜라닌의 양이 많고 블론드 헤어는 적은 것.

유멜라닌 - 검은~갈색, 입자가 크며 블리치제나 라이트너 제품에 의해 잘 분해되는 성질을 가지고 있다.
페오멜라닌 - 붉은갈색~노란색, 유멜라닌에 비해 강하고 블리치제에 의해서도 잘 분해되지 않는다.

유멜라닌 + 페오멜라닌 = 원래 모발색 유멜라닌과 페오멜라닌으로 원래 모발 색이 결정된다.
(모발에 함유된 유멜라닌과 페오멜라닌의 비율 차이에 따라 원래 모발의 색이 결정된다.)

백모가 생겨나는 이유

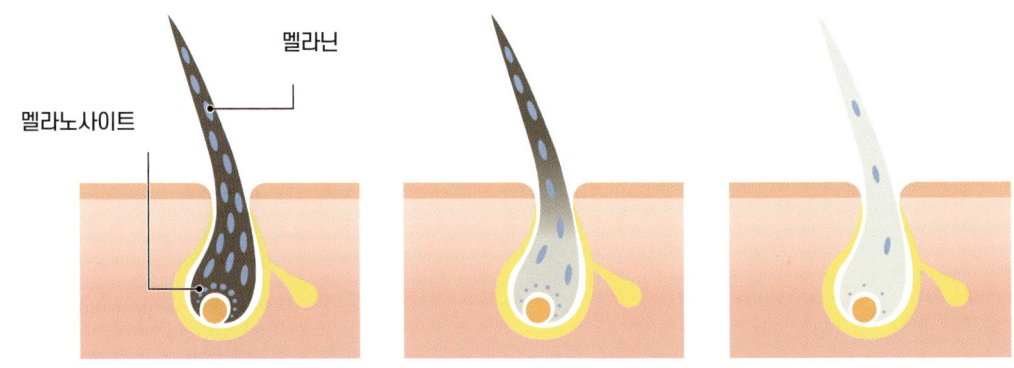

멜라노 사이트에서 멜라닌 색소를 더 이상 생성하지 못하여 백모가 생겨난다.

탈색되기 쉬운 멜라닌, 탈색되기 어려운 멜라닌

모발은 블리치제로 탈색을 하면 붉은 갈색 → 붉은색이 강한 오렌지색 → 노란색이 강한 오렌지색 → 노란색 → 연한 노란색 순서로 모발의 밝기가 변화되며, 블리치제에 의해 유멜라닌(검정~갈색)이 먼저 파괴되고 페오멜라닌(붉은갈색~노란색)은 쉽게 파괴되지 않고 모발에 남아 있게 된다.
즉, 탈색을 여러 번 시술하더라도 모발에 남아 있는 페오멜라닌에 의하여 모발은 노란색 또는 연한 노란색이 된다.

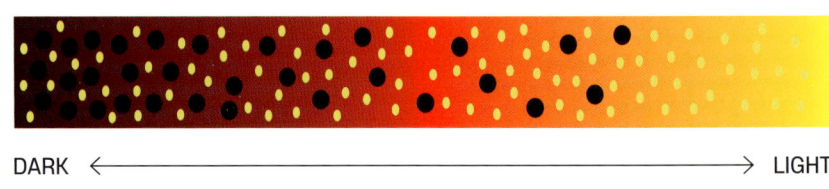

블리치 ✚ 온 스킬

STEP 03

약제의 이해

산화염모제, 산성컬러, 탈색제, 탈염제.
목적은 분명하고 상황에 필요한 정확한 매커니즘
활용해야 비로소 좋은 결과를 얻습니다.

STEP 3 약제의 이해

약제의 종류

산성컬러   산화염모제   탈색제   탈염제

헤어컬러제의 분류

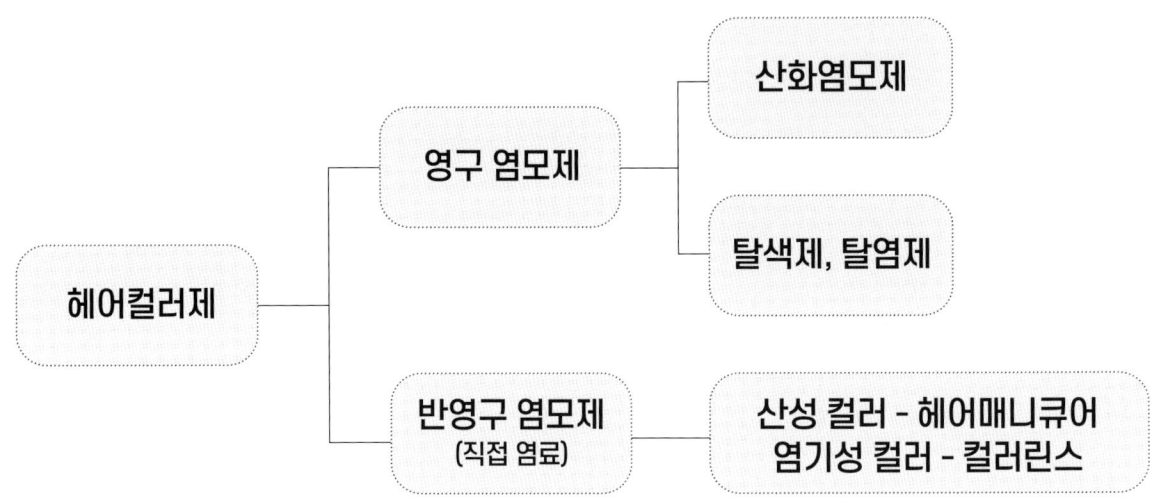

- 헤어컬러제
  - 영구 염모제
    - 산화염모제
    - 탈색제, 탈염제
  - 반영구 염모제 (직접 염료)
    - 산성 컬러 - 헤어매니큐어
    - 염기성 컬러 - 컬러린스

탈색과 탈염의 차이

탈색
모발의 멜라닌 색소 파괴 + 모발의 인공색소 파괴
모발을 밝게 한다 + 인공색소 제거

탈염
모발의 멜라닌 색소 유지 + 모발의 인공색소만 파괴
모발의 밝기는 유지하고 인공색소만 제거

헤어 컬러제의 분류

산화 염모제의 종류

1제와 2제로 구성되어 산화중합반응을 통해 발색을 하는 염모제

- 알칼리 산화 염모제
- 중성 산화 염모제 (저알칼리 염모제)
- 산성 산화 염모제

	알칼리 염모제	저알칼리 염모제	산성 산화형 염모제
pH	9~11	7~8.5	5.5~7
알칼리	많다	적다	없다
탈색작용	1제로 조절이 가능하다	약하다	거의 없다
명도 조절	자유롭다	중간~낮은 명도 가능	낮은 명도만 가능
색상표현	다양한 색상 표현 가능	대부분 가능하다	대부분 가능하다 낮은 명도와 낮은 채도
모발 데미지	크다	적다	거의 없다

산화염모제는 1제와 2제를 믹스해서 생기는 '화학반응'을 이용해서 모발을 염색합니다.

알칼리성 산화 염모제
1제 - 산화 염료와 알칼리제가 주성분
2제 - 과산화수소가 주성분
(1제와 2제를 혼합해서 사용합니다)

산성 산화 염모제, 저알칼리 산화 염모제
1제 - 산화 염료가 주성분
2제 - 과산화수소가 주성분
(1제와 2제를 혼합해서 사용, 혼합 시 약액의 pH는 6~8로 중성에 가깝다.)

산화형 염모제

알칼리 산화염모제는 산화 염료와 알칼리제를 주성분으로 하는 1제와 과산화수소를 주성분으로 하는 2제가 있다.
1제와 2제를 혼합해서 사용하는 것으로 멜라닌 색소를 분해, 탈색하고 염료를 모발 내부에서 발색시켜 모발을 염색한다.

산화염료는 1제만의 상태에서는 발색이 되지 않는다.

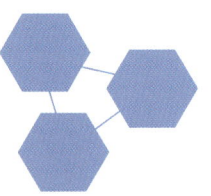

2제의 과산화수소 산화력으로 산화염료가 산소와 결합, 산화중합체가 만들어져 발색이 시작된다.

산화형 염모제의 탈색과 발색에 중요한 산소

1제와 2제를 혼합하면 1제의 높은 pH와 2제의 과산화수소가 만나 물과 산소가 발생.
산소는 멜라닌 색소를 탈색하고 산화염료와 산화중합 반응을 통해 발색시킨다.
(1제와 2제를 혼합해서 시간이 지나면 산화중합반응에 의해 약제의 색이 바뀐다.)

알칼리염모제와 저알칼리염모제의 차이

산화형염모제는 다양한 종류의 제품이 있다. pH와 알칼리의 양 차이에 따라 [알칼리염모제, 저알칼리염모제, 산성산화형염모제] 라고 부른다. 보통은 알칼리 양이 낮아지면 모발의 손상은 적지만 표현 가능한 색에 제한이 있다. 또 산성산화형 염모제는 어두운계열의 색조밖에 표현할 수 없기 때문에 톤다운용, 흰머리 커버용으로 사용이 한정된다.

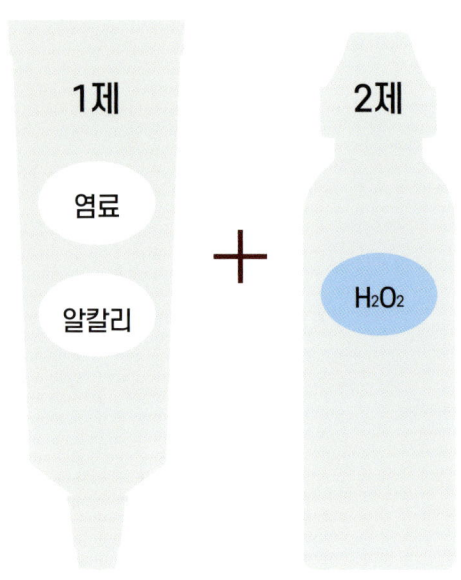

알칼리 + H_2O_2 = H_2O + O

과산화수소는
- pH2.8~4.0에서 안정적인 상태로 높은 pH의 알칼리를 만나면 물과 산소로 해리된다.
- 과산화수소의 농도가 높으면 더 많은 산소를 발생시킨다.
- 과산화수소 농도가 높을수록 손상도가 커진다.

과산화수소가 물과 산소로 바뀌는 조건 (2제 보관 시 주의하자!)
1. pH의 변화
2. 자외선에 노출 (어두운 그늘에 보관)
3. 높은 온도 (서늘한 곳에 보관)

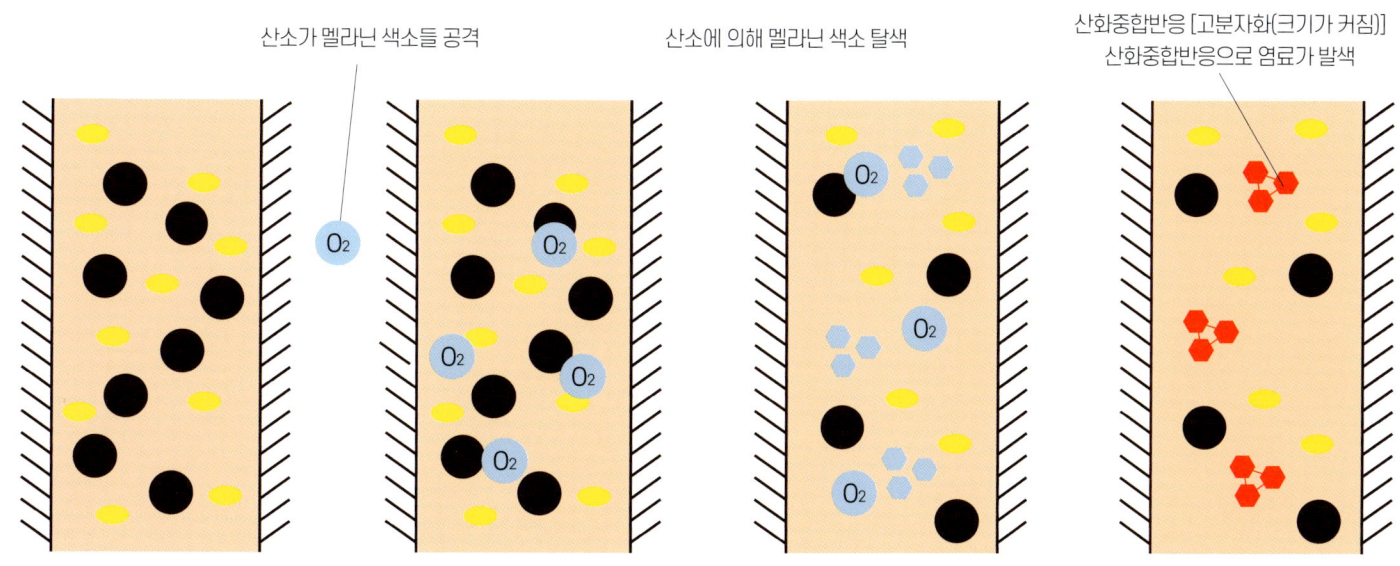

산화형 염모제에서 붉은색(난색)과 파란색(한색)의 차이점

산화 중합반응 과정에서 붉은색 염료들은 입자가 작은 반면 파란색 염료들은 입자가 상대적으로 크다.
그래서 붉은색은 모발의 내부 깊이까지 침투가 되어서 발색이 되고 파란색은 침투력이 낮아서 유지력에서 붉은색은 더 높고 파란색은 유지력이 짧다. 그리고 파란색과 보라색은 색소를 강하게 만들면 발색 시 검은 느낌으로 표현이 되어서 염모제를 출시할 때 파워를 조절해서 출시가 된다.

산화염모제의 색상별 발색 속도

직접 염료 [산성 컬러 - 헤어매니큐어]

헤어매니큐어에 배합되어 있는 산성염료는 마이너스 전하를 갖고 있기 때문에 모발을 구성하고 있는 케라틴 단백질의 플러스 부분과 이온결합에 의해 모발을 착색한다. 알칼리제와 과산화수소를 사용하지 않기 때문에 모발에 대한 손상이 적은 편이다.
하지만 유지력을 높이기 위하여 염료를 모발의 내부까지 침투시키기 위해서 침투 제인 벤질알코올, 에탄올 등이 배합되어 있는 경우가 많아서 모발 손상도가 전혀 없다고 말하기는 어렵다.

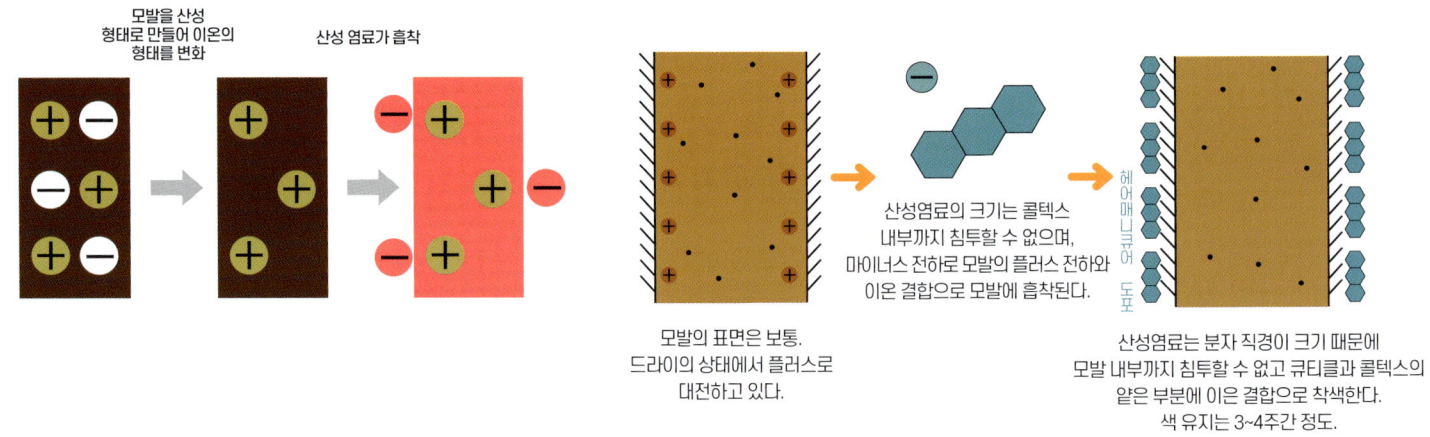

직접 염료 [염기성 컬러]

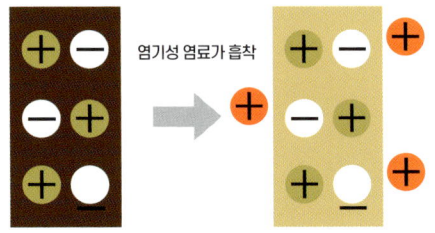

염기성 컬러는 산성 컬러처럼 1제로만 구성이 되어있다.
하지만 산성컬러는 마이너스 전하로 되어있지만 염기성 컬러는 반대인 플러스 전하를 가지고 있어서 건강한 모발보다는 큐티클이 적은 모발(탈색모)에 좀 더 효과적인 특징을 가지고 있다.
큐티클이 적은 모발(탈색모)에 사용해야 모발 안쪽까지 침투가 가능하여 좀더 선명한 색상 표현이나 유지력이 높아진다.

헤어매니큐어는 어떤 성분으로 되어있나요??

점증제 - 도포 조작성 향상 및 도포 후 헹굼전까지 유지

산 - pH를 산성으로 만들기 위해 배합된다. (글리콜산, 젖산 등)

침투제 - 염료의 유지력을 위해 모발 내부까지 침투시키기 위해 배합된다.(벤질알코올, 에탄올 등)

산성염료 - 염료의 분자량이 크고 모발 내부까지 침투하지는 못한다. 마이너스 전하이며, 모발의 플러스 이온과 이온결합을 한다.

안정제 - 산화방지제, 파라벤, 금속이온봉쇄제 등 제품의 안정성을 높이기 위해 배합된다.

모발보호성분 - PPT, 아미노산, 식물추출물 등 모발손상을 방지하고 보수한다.

계면활성제 - 약제 성분의 침투 촉진작용도 있다

유지류 - 크림의 주성분 모발을 보호하는 기능도 있다.

염색 화학 용어

pH	수소이온 농도
산성	pH가 7미만 (수소 이온이 많아질수록 pH가 낮아짐)
염기성	pH가 7초과 (수산화 이온이 많아질수록 pH가 높아짐)
알칼리성	알칼리와 같이 염기성을 나타내는 성질
알칼리	물에 녹으면 염기성을 나타내는 알칼리 즉, 수용성 수산화물을 말한다.

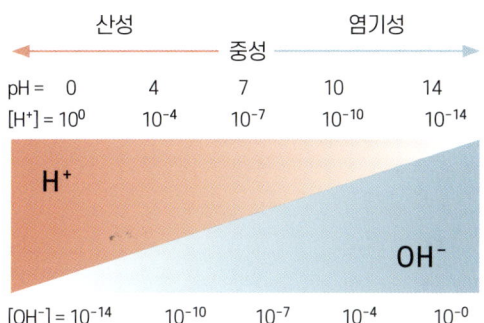

일상생활에서 볼 수 있는 용액들의 pH 값

건전지에 이용되는 산	0.1~0.3	마시는 물	6.3~6.6
위액	1.0~3.0	순수한 물	7.0
식초	2.4~3.4	바닷물	7.8~8.3
탄산음료	2.5~3.5	암모니아수	10.6~11.6
재배토	6.0~7.0	세재	14

알 칼 리

알칼리성은 물에 녹았을 때 염기성을 띄는 성질을 의미합니다.

블리치 ✚ 온 스킬
STEP 04

토닝이란?

색을 변화시켜 기초를 만드는 것

Bleach on skill

블리치온스킬 27

STEP 4   토닝이란?

토닝이란

색을 변화 시켜 작업의 기초를 만드는 것
베이스를 균일하게, 필요색을 넣어주는 방법

피그먼트 : 색소

토닝을 하는 이유

1. 베이스에 표현하고자 하는 컬러의 레시피가 없을 때
2. 베이스에 표현되는 방해컬러에 대한 대응
3. 색의 중첩으로 색상 표현력을 극대화할 때
4. 중성, 산성 염모제 활용전 pH 컨트롤

토닝을 하지 말아야 할 때

베이스 상태에서 희망하는 컬러를 연출할 수 있는 레시피가 있을 경우 토닝은 베이스의 변색으로 방해요소를 초래할 수도 있다

토닝의 방법은 희망하는 색을 어떻게 희석시키느냐에 따라 수없이 많은 레시피가 존재합니다.
염모제에 따라 다양한 토닝 노하우를 배워봅시다

기본적인 토닝방법

보색: 베이스 상태에 반대색을 레시피화하여 넣어줍니다.
희망색: 원하는 컬러와 최대한 비슷하게 연출하는 레시피를 넣어줍니다.

시술의 방향성을 방해하는 요소를 중화하여 레시피를 간소화할 것인지 혹은 내가 희망하는 컬러와 최대한 근사치로 표현할 것인지 방향성을 선정하는 것이 중요합니다.

산화 염모제: 조정색, 컨트롤러 등 저 알칼리 염모제를 희석하거나, 10레벨 이상의 염모제를 활용한다. 10레벨 이상의 염모제 활용 시 알칼리로 인해 명도가 밝아질 수 있고 두피에 데미지가 있을수 있으니 주의하여 사용해 주세요.
조정색, 컨트롤러의 경우 1.5%~3% 산화제를 활용하여 1:10, 1:20등 많이 희석하여 사용한다.
(조정색 1:1 산화제 비율은 꼭 지켜주세요, 나머지는 물로 대체하여도 됩니다.)

염기성 염모제: 물, 린스, 샴푸등을 활용하여 희석한다.
두피나 모발의 데미지가 없기 때문에 부담은 없지만 베이스의 영향을 많이 받는다. 충분한 마사지를 해주면 더 효과적입니다.
레시피 - 1:10, 1:20, 1:30

토닝 시 주의사항

토닝은 pH 상태에 따라 영향이 있습니다.
탈색 이후 산화염료 토닝이 유리합니다.
탈색이후 pH 컨트롤 이후 염기성염료 유리합니다.
모발의 수분감에 영향을 받습니다. 수분감이 많을수록 연하게 수분감이 적을수록 진하게 표현됩니다.
손상도에 따라 영향을 받습니다.
산화염료는 극손상모에서 작색이 안되는 경우도 발생합니다.
손상도가 높을수록 염기성염료가 착색과 표현력이 극대화됩니다.

산화염료 토닝의 이해

1차
13레벨 골드40g+레드4g
산화제6% 44g+미온수88g

2차
13 레벨골드 40g+바이올렛4g
산화제6% 44g+미온수88g

3차
13 레벨 골드 40g+블루4g
산화제6% 44g+미온수88g

4차
13 레벨 골드 40g+카키4g
산화제6% 44g+미온수88g

5차
13 레벨 골드 40g+옐로우4g
산화제6% 44g+미온수88g

6차
13 레벨 골드 40g+카키4g
산화제6% 44g+미온수88g

7차
13 레벨 골드 40g+블루4g
산화제6% 44g+미온수88g

8차
13 레벨 골드 40g+바이올렛4g
산화제6% 44g+미온수88g

9차
13 레벨 골드 40g+레드4g
산화제6% 44g+미온수88g

10차
13 레벨 골드 40g+오렌지4g
산화제6% 44g+미온수88g

색을 레드 - 바이올렛 - 블루 - 카키 - 옐로우 - 카키 - 블루 - 바이올렛 - 레드 - 오렌지 순으로 중첩시킨 자료입니다.
보색으로 인해 브라운톤으로 톤다운 + 탁해짐을 알수 있습니다.

블리치 ✚ 온 스킬

STEP 05

기화현상 예방, 대처

시술 방해요소를 제거하고 안정적인 과정과 결과를 얻습니다.

Bleach on skill

블리치온스킬 31

STEP 5 — 기화현상 예방, 대처

기화 현상 예방 프로세스

기화 현상

모발에 잔류하는 금속성분 중 구리이온 활성으로 인해 탈색이나 염색 시 과잉 산화로 인하여 발열과 탈수증상 모발 손상 등 불규칙하고 불필요한 손상 비정상적인 결과를 초래하는 상황입니다.

1. 샴푸실 이동 - 모발 위주의 알칼리 샴푸 pH8-9 거품 도포 후 10분 방치.
* 제품 추천: 알칼리 샴푸 서프라리스, 미엘, 아모스, 로레알

2. 금속활성억제 (구리이온 활성억제)
젖은 모발에서 전체적으로 충분한 분무 후 쿠션브러쉬로 결정돈 하여 100프로 건조해 줍니다.
* 제품 추천: 아모스 메탈디펜서로레알 메탈DX (금속성분억제, 과산화방지)

3. 경화모 알칼리화 (유리한 환경 조성)
경화모 알칼리수 부분 분무 후 열처리 100프로 건조
(딱딱하게 굳은 모발 알칼리수를 활용하여 등전 점 혹은 알칼리화하여 모발을 부드럽게 해주고 큐티클 층을 열어줍니다. 탈색이나 명도 리프트 시 효과적인 상태를 만들어줍니다.)

4. 안정적인 탈색제와 산화제
안정적인 탈색제와 낮은 산화제를 활용하여 과산화 반응을 억제하여 명도를 리프트 합니다.
* 제품 추천: 슈바츠코프, 로레알탈색제
* 산화제 추천: 3% 산화제로 대체 (과산화반응 최소화)

1-2 메뉴얼 혹은 1-2,3 메뉴얼을 사용하여 기화현상을 예방하거나 대처하면 됩니다.

기화 현상으로 인한 높은 데미지와 경화되어 단단하게 엉키는 모발상태

기화 현상을 예방하고 알칼리수를 활용하여 부드러워진 결감과 정상적인 탈색상태

기화현상 대처법

⇨ 알칼리 샴푸 + 메탈디펜스(금속이온봉쇄제)를 활용하여 기화 현상을 방지한다.

프로세스 알칼리 샴푸를 진행하고 이후 자리에서 메탈 디펜스를 모발에 골고루 뿌려준 후 100프로 건조한다.

5분 이내에 강한 발열과 김이 나는 경우
바로 샴푸실로 이동 ⋯ 알칼리 샴푸 매뉴얼 10분 방치 (혹은 샴푸하고 나와서 자리에서 도포 후 열처리 15분) ⋯ 헹굼 후 산화제 한 단계 낮춰서 탈색 진행

15분 이후 중간 정도의 열감과 탈수 증상이 나타나는 경우
한 단계 낮은 산화제 사용 탈색 재도포 ⋯ 알칼리 샴푸 매뉴얼 10분 방치(샴푸실) ⋯ 헹굼 후 2차 탈색 진행

30분 후 열감과 건조한 상태 & 약제가 증발하는 경우
같은 파워의 탈색약 재도포 ⋯ 알칼리 샴푸 매뉴얼 10분 방치(샴푸실) ⋯ 헹굼 후 2차 탈색 진행

기화현상은 크게 3가지 상태로 나누고 상황에 맞게 대처합니다.

상 — 가장 고 위험도의 모발 상태입니다.
시술 중단해야 할 수도 있기 때문에 즉각적인 대응이 필요합니다.
높은 온도의 발열과 산화반응으로 인해 건강한 모발이 한 번에 녹을 수 있습니다.

중 — 시술을 진행하되 모든 레시피를 안정적으로 진행하셔야 합니다.
(산화제의 %를 낮게 진행하고 산화제의 비율도 줄여 주는 것을 권장합니다.

하 — 약간의 발열로 인해 오히려 높은 명도를 쉽게 도달할 수 있는 상태입니다.
하지만 꼭 염색 전 기화 현상 예방 레시피를 통하여 안정적인 상태로 만들어 주셔야 합니다.

기화현상 대처레시피

정상모와 다른 접근 방법이 중요합니다.

TIP
알칼리 샴푸 + 탈색제 + 산화제(낮은 볼륨)
금속이온봉쇄제 분무 후 건조

기화현상 모발
- 5분 이내에 강한 발열과 김이 나는 경우 → 시술 중단 → 재 상담
- → 바로 샴푸실로 이동 → 제거 레시피 이후 안정적인 탈색제 선정
- 15분 이후 중간 정도의 열감과 탈수 증상 → 15분 후 설정 레시피보다 낮은 산화제 레시피로 재도포 → 제거 레시피 후 2차 탈색 진행
- 15분 이후 미열과 건조한 상태 & 약제가 증발하는 경우 → 15분 후 파워의 탈색약 재도포 → 제거 레시피 후 2차 탈색 진행

블리치 ✚ 온 스킬

STEP 06

탈색 도포 테크닉

모든 디자인은 도포 테크닉으로 창작이 가능합니다.

STEP 6   탈색 도포 테크닉

탈색 레시피

1. 베이스 마른 모발과 젖은 모발의 차이는?

마른 모발
- 마른 모발은 약제를 많이 흡수
- 리프트에 효과적
- 결감에 따라 도포 시간이 오래 걸림
- 발열이나 과잉 산화가 잘 일어남

젖은 모발
- 젖은 모발은 약제 흡수 잘 안됨
- 리프트력 떨어짐
- 도포 시간 단축
- 발열이나 과잉 산화가 덜 일어남
- 균일한 도포가 어려움

큰맥막으로 보면 리프트업에는 마른모발 손상도로 인해 안정적인 작업 시 젖은 모발이 효과적이고 탈색제의 컨트롤이 가장 중요한 포인트입니다.

모발에 적합한 레시피는??
모발 두께에 따라 선정합니다.
희망 명도에 따라 선정합니다.
모질 손상도에 따라 선정합니다.
과거 시술 이력에 따라 선정합니다.

시간을 단축시키고 최대한 빠른 톤업, 시간은 오래 걸리지만 안정적인 시술 과정에 따라 레시피를 강약 조절해 주세요.

강모

1회 : **마른 머리 탈색**
탈색제(1) + 산화제9%(2.5)
(컨디션에 따라 헬퍼 10%)

2회 : **젖은 머리 탈색**
탈색제(1) + 산화제 9%(2.5)
(같은 산화제 + 헬퍼 20%)

3회 : **젖은 머리 탈색**
탈색제(1) + 산화제 6%(2.5)
(낮은 산화제 + 헬퍼 30%)

4회 : **마른 머리 탈색**
탈색제(1) + 산화제 3%(2.5)
(낮은 산화제+ 헬퍼 30%)

보통모

1회 : **마른 머리 탈색**
탈색제(1) + 산화제 6~9%(2.5)
(컨디션에 따라 헬퍼 10%)

2회 : **젖은 머리 탈색**
탈색제(1) + 산화제 6%(2.5)
(낮은 산화제 + 헬퍼 20%)

3회 : **젖은 머리 탈색**
탈색제(1) + 산화제 6%(2.5)
(같은 산화제 + 헬퍼 30%

4회 : **마른 머리 탈색**
탈색제(1) + 산화제 3%(3)
(낮은 산화제 + 헬퍼 30%)

연모

1회 : **마른 머리 탈색**
탈색제(1) + 산화제 3~6%(2.5)
(컨디션에 따라 헬퍼 10%)

2회 : **젖은 머리 탈색**
탈색제(1) + 산화제 3~6%(3)
(같은 산화제 + 헬퍼 20%)

3회 : **젖은 머리 탈색**
탈색제(1) + 산화제 3~6%(3)
(낮은 산화제 + 헬퍼 20~30 %)

탈색 도포 테크닉

1. 선만들기

2. 흘려 바르기

3. 발레야쥬

4. 끊어 바르기

5. 에어터치

위빙(선만들기)

선은 자연스러움과 텍스처를 표현할 때 색과 색의 연결을 만들어줄 때 필요한 테크닉입니다.

1번 11개 좌우폭 0.3cm
2번 7개 좌우폭 0.5cm
3번 4개 좌우폭 0.7cm
4번 3개 좌우폭 1cm
5번 2개 좌우폭 2cm

위빙 테크닉 사용 노하우

1. 호일 작업 시 밖으로 약제가 나오지 않도록 해주세요.
2. 시간이 너무 오래 걸려서는 안돼요. 권장시간(15분)
3. 도포 시 약제를 균일하게 도포해 주셔야 해요.
4. 칩 사이 간 폭과 칩의 좌우폭을 잘 지켜주셔야 해요.

블리치 ✚ 온 스킬

STEP 07

헤어컬러 체인지

염모제에 맞는 프로세스로 접근해야 좋은 결과를 얻습니다.

헤어 컬러 체인지

STEP 7 헤어컬러 체인지

컬러 체인지를 위해서는 두 가지를 고려해 봐야 한다. 앞에 책 내용에 있던 직접염료인지 산화염료인지 구분만 한다면 쉽게 컬러 체인지가 가능하다! * 컬러 체인지 고객에게 무조건 탈색제부터 도포하는 건 NG

산화염료는 - 탈염제   **직접염료는** - 직접염료 전용 리무버를 활용하면 간단하게 해결된다.

❶ 기준모 (시술 전 모발)
❷ 산화염모제 블루 시술
❸ 직접 염모제 블루 시술

❶ 산화 염모제 블루
❷ 탈색제 + 6% (30분 방치)
❸ 탈염제 (30분 방치)
❹ 헤어매니큐어 리무버 (30분 방치)

❶ 직접 염모제 블루
❷ 탈색제 + 6% (30분 방치)
❸ 탈염제 (30분 방치)
❹ 헤어매니큐어 리무버 (30분 방치)

산화염모제	Repit treaf color F/SP 8 + 6% (30분 방치) - 산화염모제
직접염모제	Repit Artme color 마린 (30분 방치) - 직접염모제
탈색제	Repit 탈색제 + 6% (30분 방치)
탈염제	Repit color remover (30분 방치)
리무버	Repit color remover mix (30분 방치)

산화 염모제 탈염제 > 탈색제 > 리무버 순서로 색소제거 효과가 있었으며,
손상도는 탈색제 > 탈염제 > 리무버 순서로 손상이 크다.

직접 염모제 리무버 > 탈색제 > 탈염제 순서로 색소제거 효과가 있었으며,
손상도는 탈색제 > 탈염제 > 리무버 순서로 손상이 크다.

헤어 컬러 체인지의 경우 무조건 탈색부터 시작을 하는 것은 정답은 아니다.
기존 시술이 산화 염모제와 직접 염모제 중에 어떤 것을 사용했는지 체크해 보고 잔류 색소 제거 시술에 필요한 약제를 선택하는 것이 좀 더 효과적이고 손상을 줄이는 방법이다.

산화 염모제 - 탈염제
직접 염모제 - 직접염료 전용 리무버를 활용하면 간단하게 해결된다.

> **＊ 시술 전 고객에게 상담 후 몇 가지 약제로 테스트를 해보자!**
>
> - **산화 염모제** - 1제 + 2제로 구성되어 있는 알칼리 산화 염모제
> - **직접 염모제** - 헤어매니큐어, 염기성 컬러, 보색샴푸, 왁싱 등 1제로 구성된 염모제

STEP 7　헤어컬러 체인지

앞에서 설명한 내용과 동일한 방법으로 직접 염모제
(헤어매니큐어, 왁싱, 염기성컬러, 컬러 트리트먼트 등)의 경우
헤어컬러 리무버를 통해 쉽게 제거가 가능하다!

동영상 보러가기

Bleach on skill

블리치 ✚ 온 스킬

STEP 08

블랙빼기 프로세스

블랙빼기는 한계가 분명히 존재합니다. 안정적이며
균일한 베이스를 얻는 것은 천지차이입니다.

블랙빼기 상담요령

1. 탈색과 블랙빼기의 차이를 설명한다.
고객님 탈색은 모발의 단백질을 파괴하고 유실시켜
고객님의 모발 본연의 색을 밝게 만드는 것이 목적입니다.
블랙빼기는 모발의 단백질 유실을 최소화하며,
인공적으로 모발에 잔류하는 염료를 빼는 것이 다른 점입니다.

2. 결과에 대한 상담을 사전에 하지 않는다.
블랙빼기는 모발의 컨디션과 과거 이력에 따라 결과가 천차만별이기 때문에
결과에 대해 사전상담하지 않는 것이 중요합니다.

1. 과거에 얼마나 어둡게 염색하였는지?
2. 현재 모발의 손상도 밸런스가 균일한지?
3. 현재 모발의 손상도는 어느 정도인지?
4. 펌이나 매직을 한 적이 있는지?
5. 고객님의 태생적인 모질은 어떤지?

다양한 변수에 의해 결과가 다르기 때문에 이 부분을 사전에 충분히 설명한다.

3. 블랙빼기의 장점과 결과에 따른 플랜을 미리 설정한다.
블랙빼기는 모발에 잔류하고 있는 염료를 손상를 최소화하며, 최대치로 뺄 있는 방법이기 때문에 안정적으로 최대한 밝은 모발을 연출할 수 있다.

결과가 좋을 경우 고객님이 희망하는 컬러를 추천하고 결과가 좋지 않을 경우까지도 고려하여 고객님에게 사전에 제안한다.

⚠️ 이런 모발은 어려워요~!

블랙빼기의 프로세스는 모발의 컨디션 안에서 최대한으로 색소를 제거하는 방법입니다.
모발의 컨디션의 한계치에 있는 모발은 안 된다는 것을 인지하는 것도 중요합니다.

1. 탈색을 기존에 너무 많이 하신 모발 탈색 3회 이상 모발
2. 톤다운을 너무 어둡게 한모발 오징어 먹물 반복시술
3. 이미 끊어진 머리가 많은 모발
4. 기대치가 높은 고객 (백금발, 백모, 파스텔톤 등등)
5. 디자인 탈색이 되어 있는 경우

모발상태를 진단하는 것이 가장 중요합니다.

모발의 상태 파악하기

버진모발　　　　멜라닌 색소 제거 - 탈색제
산화 염료 모발　　산화잔류염료(톤다운, 잦은 염색) - 탈염제
염기성 염료 모발　직접염료, 매니큐어, 보색샴푸 - 컬러 리무버

모발 상태에 따라서 프로세스가 달라집니다.

안정적인 블랙빼기 프로세스

1. 잔류 금속성분 및 방해요소 제거
샴푸실 이동 - 모발 위주의 알칼리 샴푸 pH8-9 거품 도포 후 10분방치
* 제품추천: 알칼리 샴푸 서프라리스, 미엘, 아모스, 로레알

2. 금속활성억제 (구리이온활성억제)
젖은 모발에서 전체적으로 충분한 분무 후 쿠션브러쉬로 결정돈 하여 100프로 건조해 줍니다.
* 제품추천: 아모스 메탈디펜서로레알 메탈DX(금속성분억제, 과산화방지)

3. 산화 염료분해 및 유실률 상승효과
환원 탈염제를 활용하여 색소의 유실률을 높여주고 리프트업을 통해 베이스 진단
레삐유 리뉴어스 헤어컬러 리무버1제+2제 + 슈바츠코프 탈색제 + 3프로 산화제 비율 2:1
열처리 50분 진행

4. 띠 잡기 + 얼룩잡기

STEP 8 블랙빼기 프로세스

BEFORE
1년 전 탈색 2회 톤다운 3회 모발

01
1, 2번 진행 후 환원 리무버 톤다운 부분 도포 후 열처리 50분 진행

02
결과 확인
잔류 염료의 강도와 모발 컨디션을 고려한 탈염레시피 선정

03-1

03-2

손상도를 고려하여 건강한 부분부터 가장 어두운 부분까지 도포 후 시간차 연결
(손상도가 높은 부분을 시간차 도포)

04
결과 확인
버진모와 연결되는 건강한 모발에 톤다운 한 부분 띠잡기 탈색 진행

05
부분 띠잡기
탈색으로 진행 + 호일이나 정확한 도포

06
시간차 어두운 부분 탈염 연결

07-1
얼룩부 손상도 잔류 염료의 강도가 같을 경우 어두운 부분 탈염 반복 시술

07-2

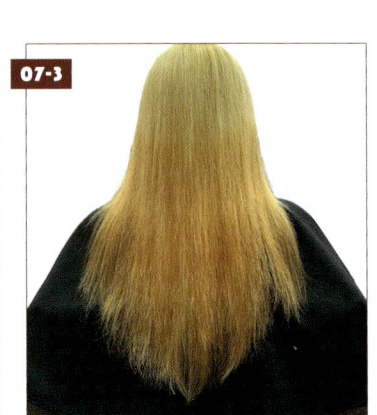
07-3

블리치 ✚ 온 스킬

STEP 09

디자인 염색

염색으로 나만의 감성을 찾고 시그니처를 개발합니다.

STEP 9 디자인 염색

컬러 트레이닝 법 (조색)

컬러리스트는 빨강 노랑 파랑 염모제를 활용하여 모든 컬러를 연출할 수 있도록 트레이닝 하여야 합니다.
지속적인 트레이닝을 통해 염모제 브랜드에 의존하지 않고 완성도 있는 컬러를 연출할 수 있어야 합니다.

컬러 트레이닝의 목적
사용하는 염모제의 색을 이해하고 색과 색을 활용하여원하는
컬러를 얻기 위한 방법입니다.

준비물:19레벨 피스, 염기성 염료 염모제

첫 번째 : 고유의 색상 파워 컨트롤 (진하게 - 연하게)
두 번째 : 삼원색을 활용하여 2차 삼원색 만들기

두 가지 방법을 활용하여 색상환의 모든 컬러 만들기

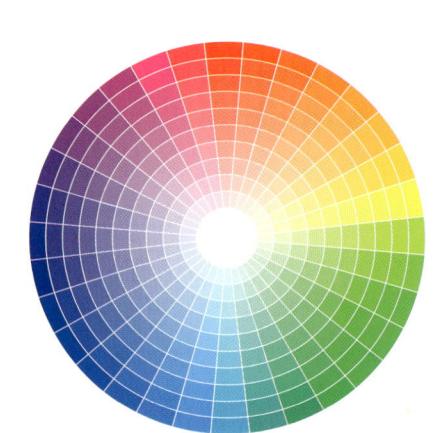

- 1차 색을 연하게 만들기 (염료와 산화제의 비율)　　　방치시간 7분　　희망색 1 : 산화제 1
　　　　　　　　　　　　　　　　　　　　　　　　　　　　　　　　　희망색 1 : 산화제 5
　　　　　　　　　　　　　　　　　　　　　　　　　　　　　　　　　희망색 1 : 산화제 10
　　　　　　　　　　　　　　　　　　　　　　　　　　　　　　　　　희망색 1 : 산화제 20
　　　　　　　　　　　　　　　　　　　　　　　　　　　　　　　　　희망색 1 : 산화제 40

- 2차 색과 색을 통해 2차 색만들기 (염료와 염료의 비율)　방치시간 7분　　메인색1 : 믹스색1 : 산화제1
　　　　　　　　　　　　　　　　　　　　　　　　　　　　　　　　　메인색1 : 믹스색2 : 산화제1
　　　　　　　　　　　　　　　　　　　　　　　　　　　　　　　　　메인색1 : 믹스색3 : 산화제1

디자인염색이란

디자인이란 우리의 목적을 실체화하는 행위이며 표현하고 성취하는 것을 말한다. 그러므로 디자인은 염색에서 우리의 창의적인 아이디어를 바탕으로 고객만족을 이끌어내는 것이다. 디자인 염색에서 가장 중요한 장점을 살롱 워크에 비춰볼 때

1. 제한적인 모질, 잔류염료 등 다양한 베이스에서 시각적으로 더 아름답게 표현할 수 있다.
2. 객단가 상승
3. 고객의 개성을 표현

- 디자인 염색을 표현함에 있어 꼭 알아야 할 테크닉위빙과 그라데이션
- 위빙 : 모발을 가닥 가닥 나누는 것
- 빗 끝을 이용하여 바늘로 꿰매듯이 떠가는 기법
- 그라데이션 - 밝고 어두움 & 진하고 연함 색과 색의 연결을 자연스럽게 만들어주는 기법

컬러 트레이닝을 활용한 피스 작업 예시

 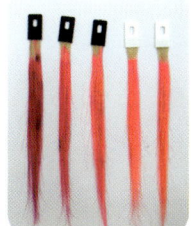     

미엘 레드 염모제
1:1 1:5 1:10 1:20 1:40

 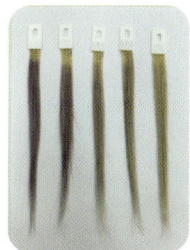  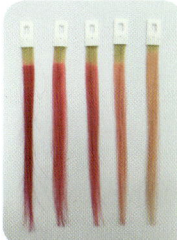  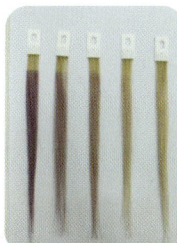 

블리치 ✚ 온 스킬
STEP 10

옴브레 디자인

옴브레는 프랑스어로 Ombre '그림자' 라는 의미입니다. 모발 뿌리 부분은 어둡고 모발 끝으로 갈수록 밝아지는 자연스러운 그라데이션의 컬러를 의미합니다.

솜브레

Bleach on skill

STEP 10 옴브레 디자인

탈색제를 통해서 옴브레 작업 후 염색

RECIPE

- 레삐 treaf 컬러
- F/SP 6레벨 + F/PP 6레벨 + 3% 산화제 + 린스 1:4:25:25 (6g + 24g + 150g + 150g)
- 1.5% 산화제를 사용해도 괜찮지만 도포시 너무 묽어서 점도를 높이기 위해 린스나 트리트먼트를 반 정도 믹스해 주면 도포가 편리하다.

동영상 보러가기

언더섹션과 오버섹션으로 나누어 아래쪽 언더섹션은 베이스 디자인으로 그라데이션의 형태를 자연스럽게 만들어주고 위쪽의 오버섹션은 겉으로 보여지는 디자인을 만들어주는 공간이다.

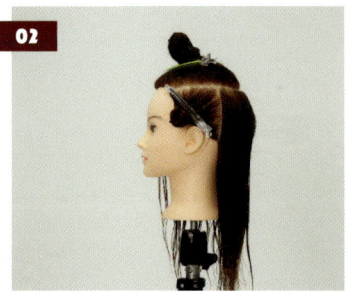

사이드 섹션은 최대한 넓게 만들어야 호일을 적게 사용할 수 있다.

네이프 디자인은 후대각 섹션으로 진행.

후대각 섹션과 동일한 방향으로 당겨서 도포를 진행해야 내추럴 상태가 되었을 때 그라데이션이 좀 더 자연스럽게 이루어진다.
네이프의 도포는 모발 전체 길이의 50%가 넘지 않도록 주의하여 도포한다.

반대쪽도 동일하게 섹션과 동일한 방향으로 당겨 발레아쥬 테크닉을 활용하여 도포를 진행한다.
왼쪽과 오른쪽의 균형을 맞추어 50%가 넘지 않도록 주의하여 도포를 진행한다.

동일한 방법으로 왼쪽과 오른쪽 순서대로 진행한다. (오른손 잡이의 경우 왼쪽과 오른쪽 순서대로 진행한다. 오른손으로 빗질을 하기 때문에 오른쪽을 먼저 도포하고 호일을 작업하면 도포된 모발이 당겨져 얼룩이 발생할 수 있다.

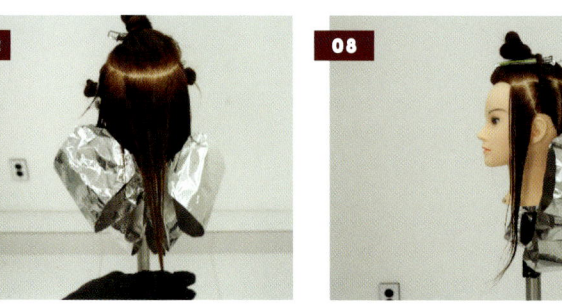

마지막 삼각형 섹션은 한 번에 V자 모양으로 도포를 진행한다.

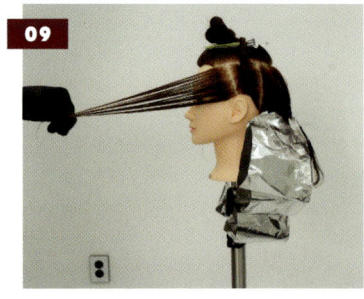

사이드는 세로에 가까운 후대각으로 진행한다. 세로에 가깝게 도포하면 경계가 더 자연스럽게 표현하기 좋다. 사이드는 총 3등분으로 나누어 도포를 진행하고 첫 번째 섹션은 모발 전체 길이의 70% 두 번째 섹션은 60% 세 번째 섹션은 50% 정도 도포를 진행한다.

사이드도 발레아쥬 테크닉을 활용하여 후대각 섹션으로 도포를 진행한다.

Bleach on skill

10
모발 끝 쪽에 도포량을 더 많게 모근 쪽으로 갈수록 양이 적게 도포해 주는 게 중요하다.

11-1 11-2
두 번째 섹션은 발레아쥬 테크닉을 활용하여 모발 전체 길이의 60% 정도만 도포한다.

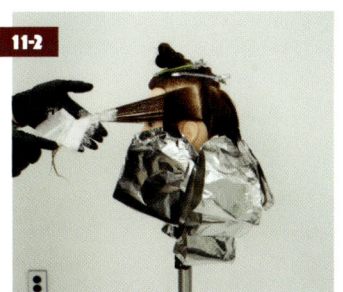
12
오버섹션은 5:5 가르마로 나누어 한쪽씩 진행.

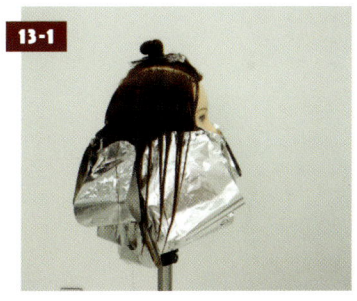
13-1 13-2
5:5 가르마에서 다시 반을 나누어 위빙+발레아쥬 테크닉을 이용한다.

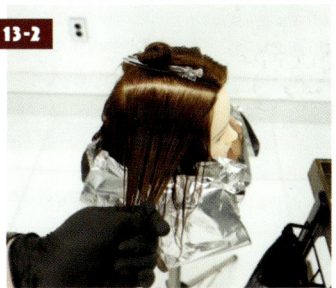
14
먼저 위빙을 시술할 슬라이스를 나누어 사각칩 위빙을 시술한다.

15
위빙작업을 하고 남은 모발은 아래에 있는 슬라이스와 합쳐서 발레아쥬 테크닉을 활용하여 옴브레 작업을 시술한다.

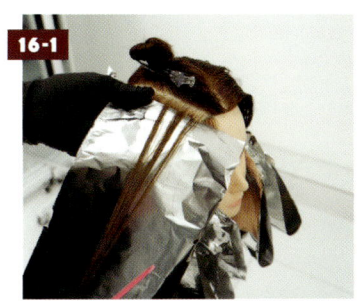
16-1 16-2
슬라이스 가로폭이 너무 넓으면 위빙은 두 번에 나누어 진행을 한다.

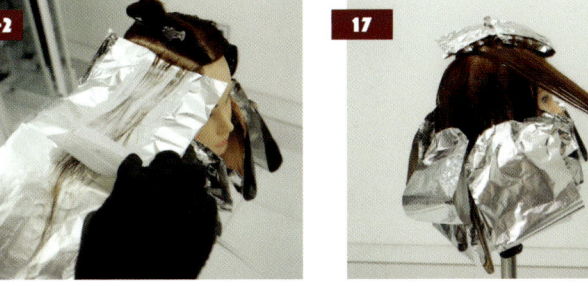
17 18
위빙 후 남은 모발과 아래에 슬라이스를 합쳐서 발레아쥬 테크닉을 활용하여 도포를 한다.
(도포시 얼굴 방향으로 당겨서 도포해야 후대각 라인의 그라데이션이 나타난다.)

19
마지막 탑부분도 2등분으로 나누어 위쪽은 위빙작업을 시술한다.

20
탑부분 위빙 후 남은 모발도 아래 슬라이스와 합쳐서 발레아쥬 테크닉으로 도포하여 준다.

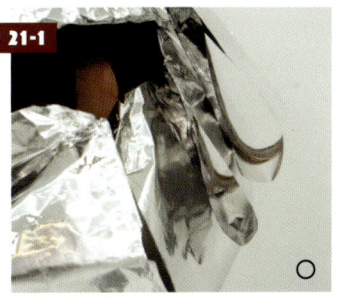
21-1 21-2
왼쪽처럼 호일을 띄워 놓아야 된다. 오른쪽처럼 호일을 눌러 접으면 경계가 생기거나 호일에 붙어 있는 모발과 탈색제가 서로 얼룩을 만들 수 있다.

STEP 10 　 옴브레 디자인

헤어컬러에서의 질감은…
겉보기에 유사한 체험을 생각해 내는 것에서 질감을 만든다.

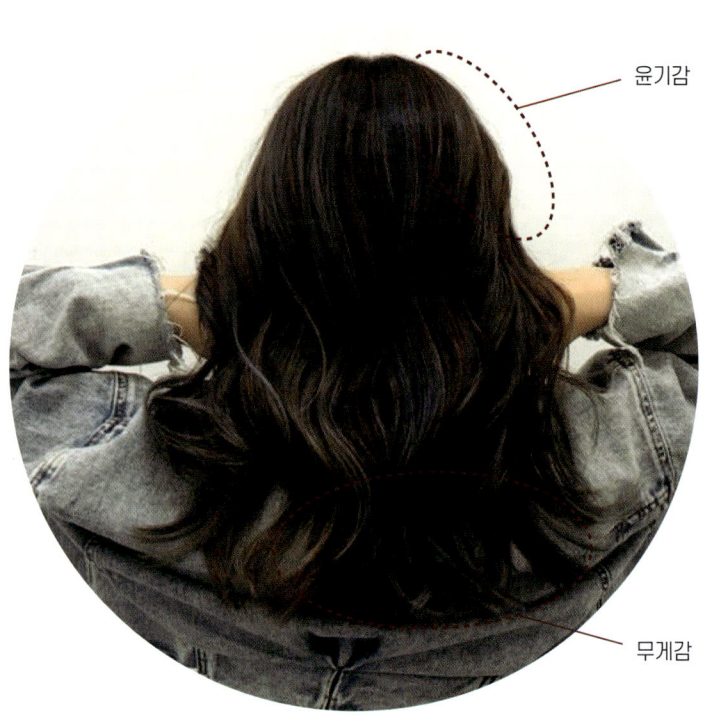

윤기감

무게감

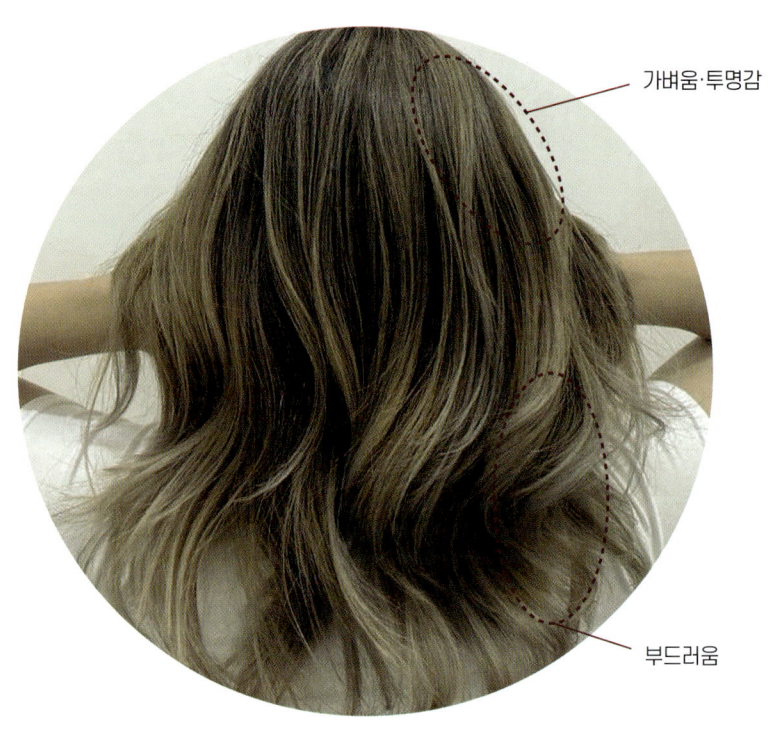

가벼움·투명감

부드러움

고객과 감각을 공유할 필요가 있다.

헤어 컬러에서 윤기감을 표현 방법

- 명도 　 중명도 정도가 적당하다.
- 채도 　 선명한 비비드한 색감이 좋다 (염모제에 컨트롤러제 믹스)
- 색상 　 한색보다는 난색계열의 색상이 윤기감이 좋다.

헤어 컬러에서 가벼움과 투명감 표현 방법

- 명도 　 15레벨 이상의 고명도
- 채도 　 부드러운 페일계통의 저채도 (염모제에 클리어제를 믹스)
- 색상 　 한색계열이 조금 더 유리하다 하지만
　　　　색상보다는 채도의 영향을 많이 받는다.

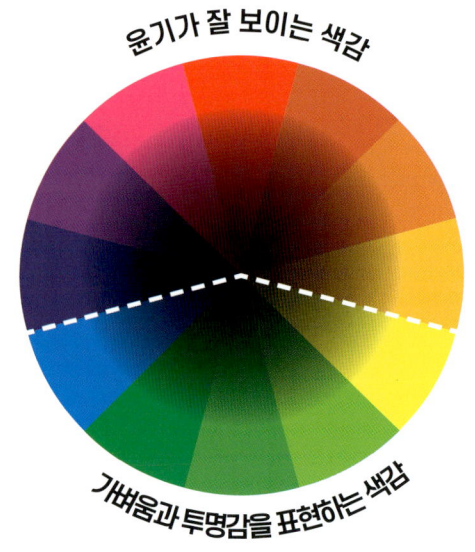

윤기가 잘 보이는 색감

가벼움과 투명감을 표현하는 색감

Bleach on skill

블리치 ✚ 온 스킬

STEP 11

면 그라데이션

그라데이션 디자인은 투톤 이상의 컬러가 밝기,
색을 활용하여 자연스럽게 변화하는 테크닉입니다.
권장하는 모발 상태는 명도의 대비가 있는 경우
디자인적으로 접근하여 결과의 완성도를 높이는
방법입니다.

STEP 11　면 그라데이션

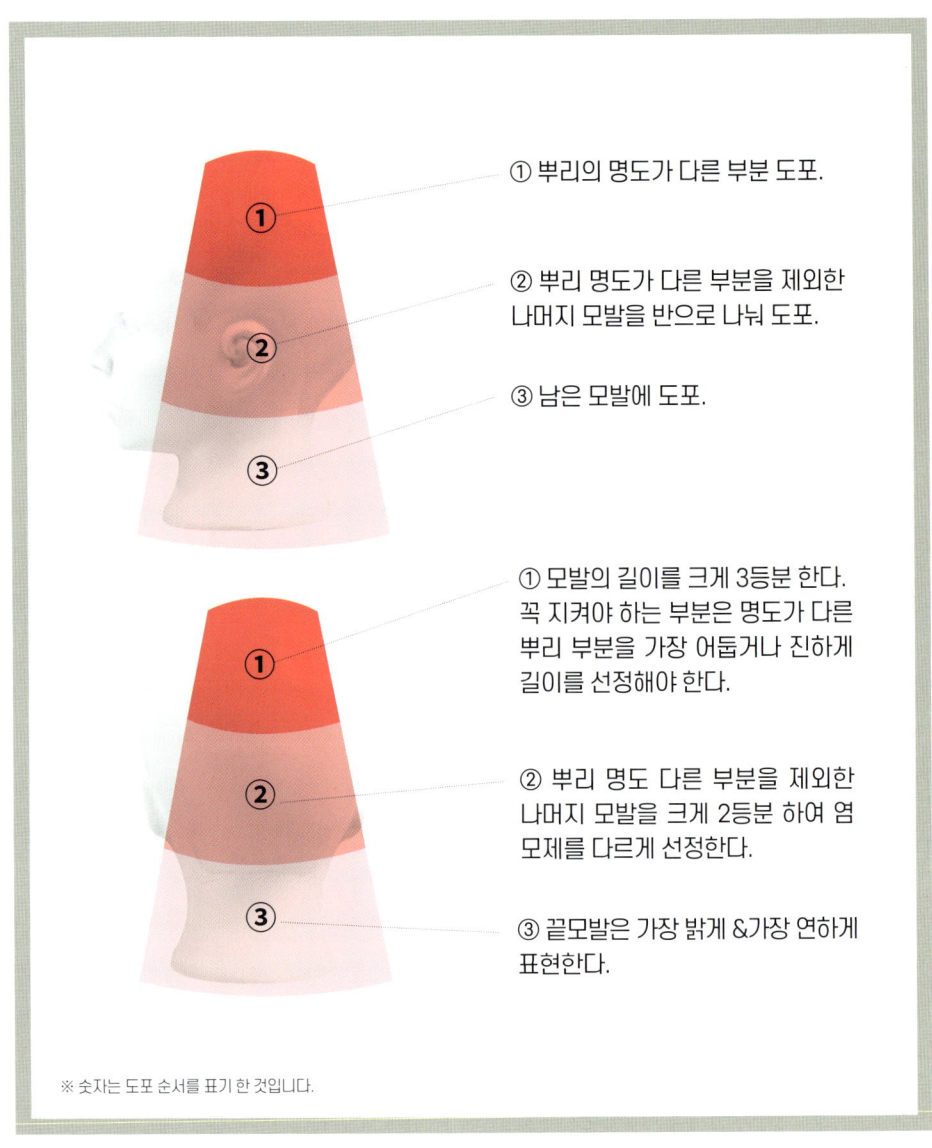

① 뿌리의 명도가 다른 부분 도포.

② 뿌리 명도가 다른 부분을 제외한 나머지 모발을 반으로 나눠 도포.

③ 남은 모발에 도포.

① 모발의 길이를 크게 3등분 한다. 꼭 지켜야 하는 부분은 명도가 다른 뿌리 부분을 가장 어둡거나 진하게 길이를 선정해야 한다.

② 뿌리 명도 다른 부분을 제외한 나머지 모발을 크게 2등분 하여 염모제를 다르게 선정한다.

③ 끝모발은 가장 밝게 &가장 연하게 표현한다.

※ 숫자는 도포 순서를 표기 한 것입니다.

01
① 뿌리 어두운 부분
② 탈색 1회로 인해 밝기가 어두운 부분
③ 탈색 횟수가 많아 더 밝은 부분

02
① 뿌리 미엘 레드핑크 1:3 산화제

03
① 중간 미엘 레드핑크 1:7 산화제
② 모발끝 미엘레드핑크 1:15 산화제

바르는 순서	**뿌리 쪽부터 모발중간 모발 끝 순으로 도포한다.**

뿌리 쪽이 어두울 때 효과적인 디자인입니다.
추천하는 베이스는 명도가 균일하지 않은 모발 상태
기존 탈색모 명도가 더 밝고 버진의 탈색모가 명도가 더 어두울 때 효과적인 테크닉입니다.

- 그라데이션 디자인을 연출할 사용합니다.
- 뿌리 쪽이 어둡고 모발 끝으로 갈수록 밝아지는 디자인
- 뿌리 쪽이 진하고 모발 끝으로 갈수록 연해지는 디자인
- 명도를 메인으로 선정하여 디자인하는 방법과
- 채도를 메인으로 선정하여 디자인하는 방법 크게 두 가지 스타일이 있습니다.

두 가지 작업 모두 방법은 일치하지만
알칼리 염모제 사용 시 명도는 레벨을 기준으로 디자인합니다.

채도는 산화제나 클리어를 활용하여 디자인합니다.

	명도	채도(산화제 비율)
1번	6레벨	1:1~1:3
2번	8레벨	1:5~1:7
3번	10레벨	1:10~1:15

블리치 ✚ 온 스킬
STEP 12

진브레 위빙 디자인

얇은 선에서 점차 판넬로 디자인함으로써 재방문
시 재작업에 용이하고 시술시간을 단축함으로써
살롱워크에 적합한 디자인 입니다.

Bleach on skill

STEP 12 　진브레 위빙 디자인

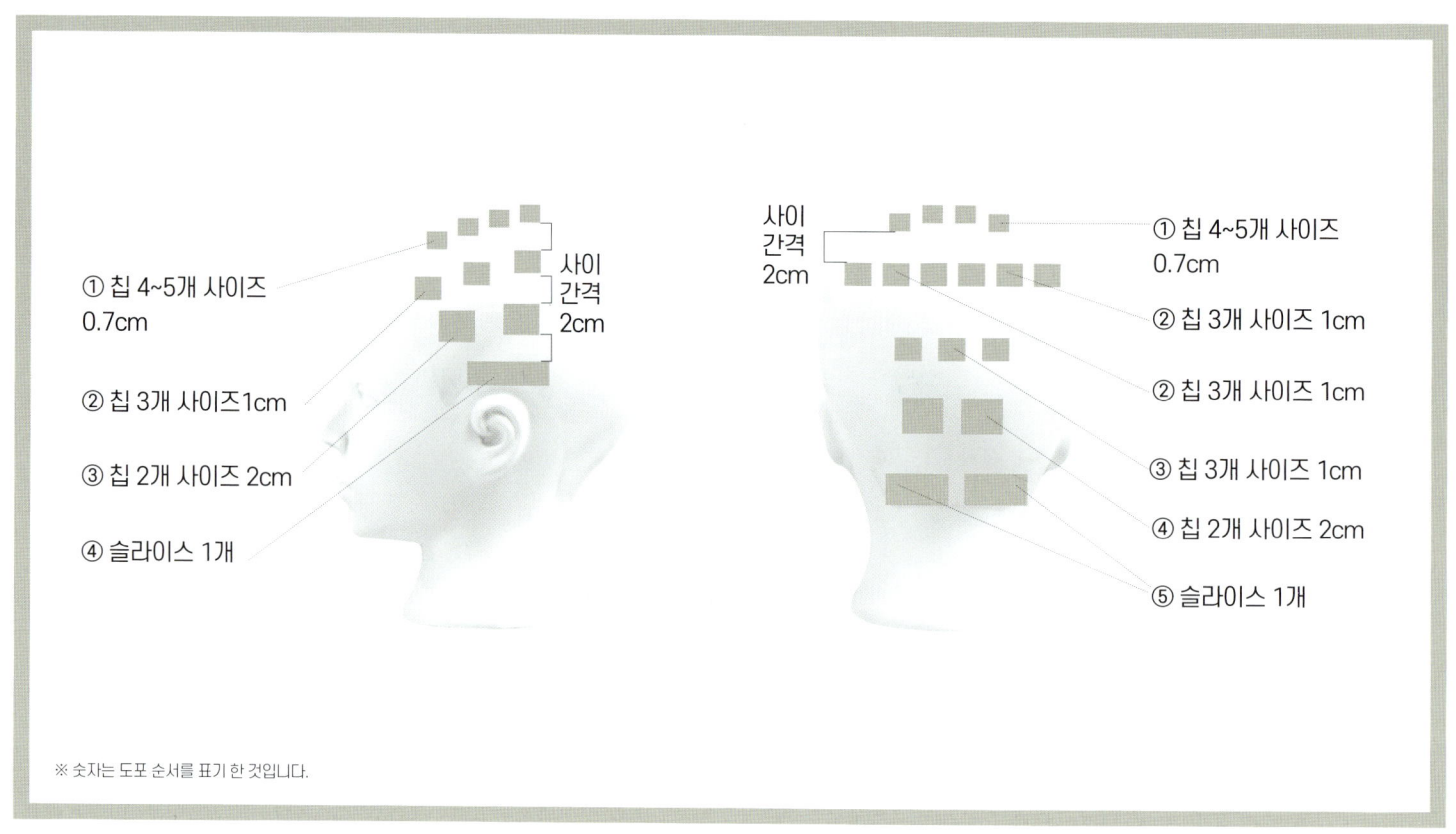

※ 숫자는 도포 순서를 표기 한 것입니다.

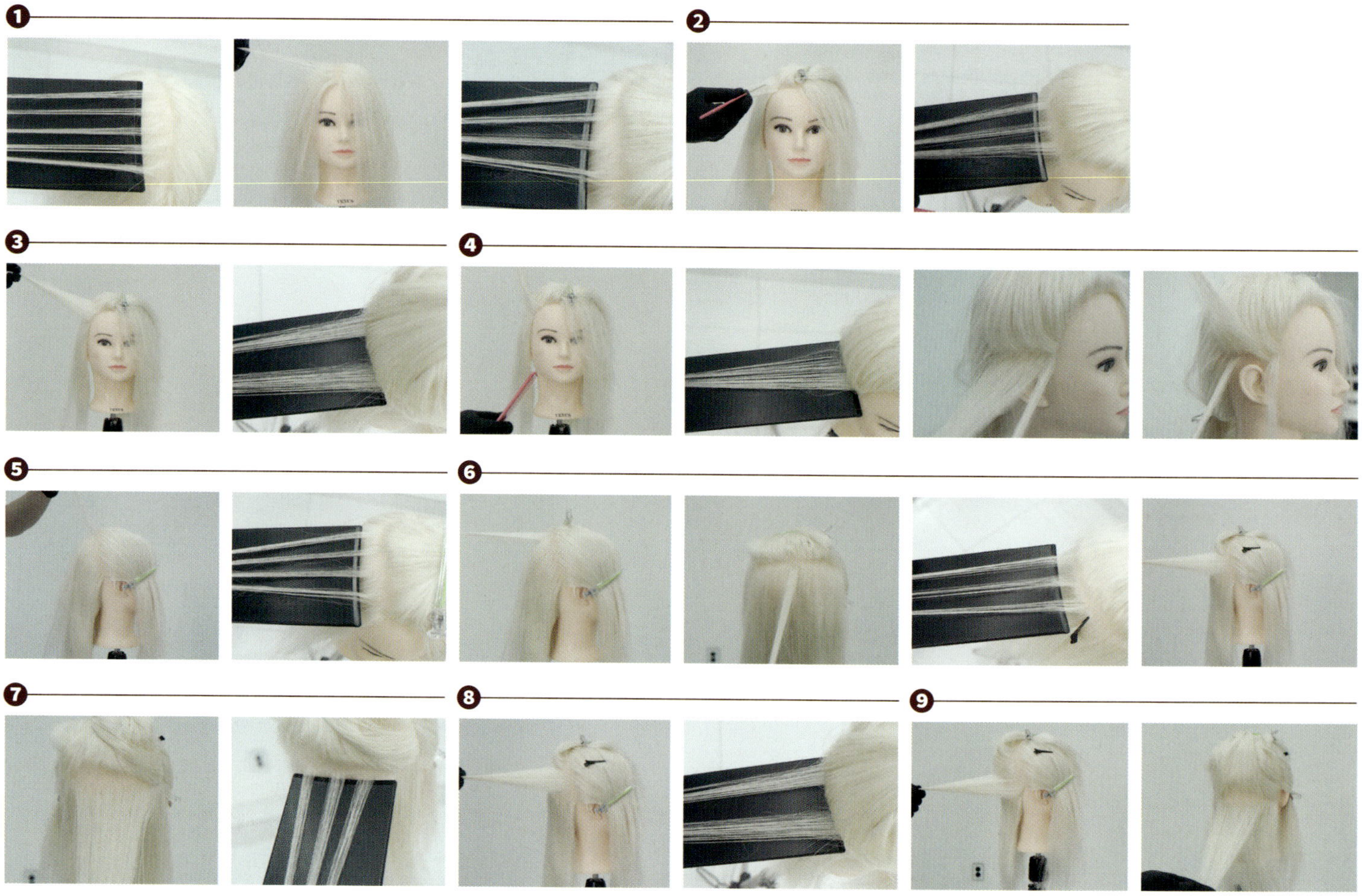

| 명도대비 디자인 | 채도대비 디자인 |

위빙테크닉을 사용하여 명도, 채도를 다르게 하는 디자인입니다.
선을 활용하여 색의 차이로 디자인하는 것으로 웨이브 없이도 내츄럴한 디자인으로 대중적으로 사랑받는 디자인

진브레의 특징은

1. 쉽고 빠른 디자인 설계와 파워풀한 임펙트 있습니다.
   겉단은 자연스럽고 안쪽은 파워풀한 디자인입니다.
2. 시간 단축에 많은 도움이 되고 가장 큰 장점은
3. 재 시술에 유리합니다.

진브레의 경우 탑부터 진행합니다.
탈색제를 모발 컨디션에 맞게 조제하고 호일을 이용하여 진행하면 됩니다.
호일 작업에서 가이드는 15분 호일 작업 15분 염색 작업입니다.
위빙 작업 탈색이후 방치시간 고객님 희명 명도에 따라 염색을 바로 도포하거나 혹은 10분 정도 방치하고 이후 전체 염색하시면 됩니다.
겉단의 경우 노출되는 하이라이트라면 쉐도우를 넣어주거나 혹은 겉단 0.5cm 정도 모발을 남겨놓고 안쪽부터 위빙을 들어가는 방법도 좋은 방법입니다.

블리치 ➕ 온 스킬
STEP 13

미들 포인트 디자인

두상의 미들존에 포인트를 넣어줌으로써 다채로운 컬러를 과하지 않게 표현하는 디자인 설계입니다. 컬러를 다양하게 표현하고 싶지만 부담감이 있는 고객에게 추천합니다.

STEP 13 — 미들 포인트 디자인

미들 존에서 다양한 포인트 컬러를 넣어 디자인
베이스컬러 + 포인트 컬러 3가지 이상

시술방법이 단조롭고 다양한 컬러를 사용해도 자연스러움이 연출되는 디자인으로 미들의 폭을 정하고 전대각 섹션을 활용하여 임의의 사이즈를 선정하여 도포하면 됩니다.

다양한 컬러를 사용해도 탑 부분과 언더 부분의 모발이 자연스러운 노출을 표현해 주기 때문에 부담 없는 디자인입니다.

가장 큰 장점은 시술 방법이 쉽고 다양한 컬러가 안쪽에서만 표현되기 때문에 노출되는 부분은 뿌리 쪽이 아닌 중간부터 끝까지 자연스럽게 연출됩니다.

다양한 컬러를 믹스하여도 잘 어울립니다.
포인트 컬러 개수는 3가지 정도 추천합니다.

01

02

03

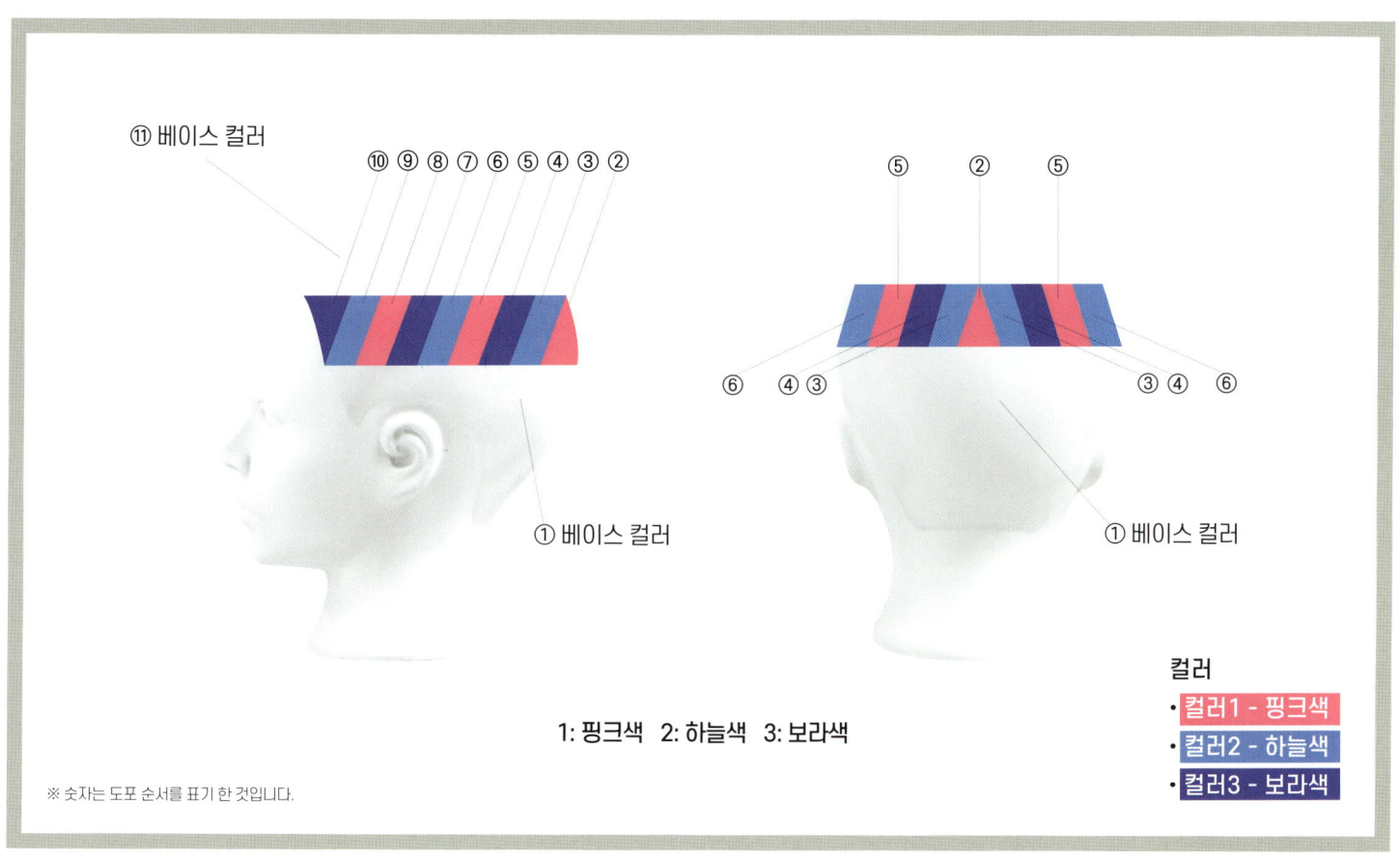

1: 핑크색   2: 하늘색   3: 보라색

※ 숫자는 도포 순서를 표기 한 것입니다.

컬러
- 컬러1 - 핑크색
- 컬러2 - 하늘색
- 컬러3 - 보라색

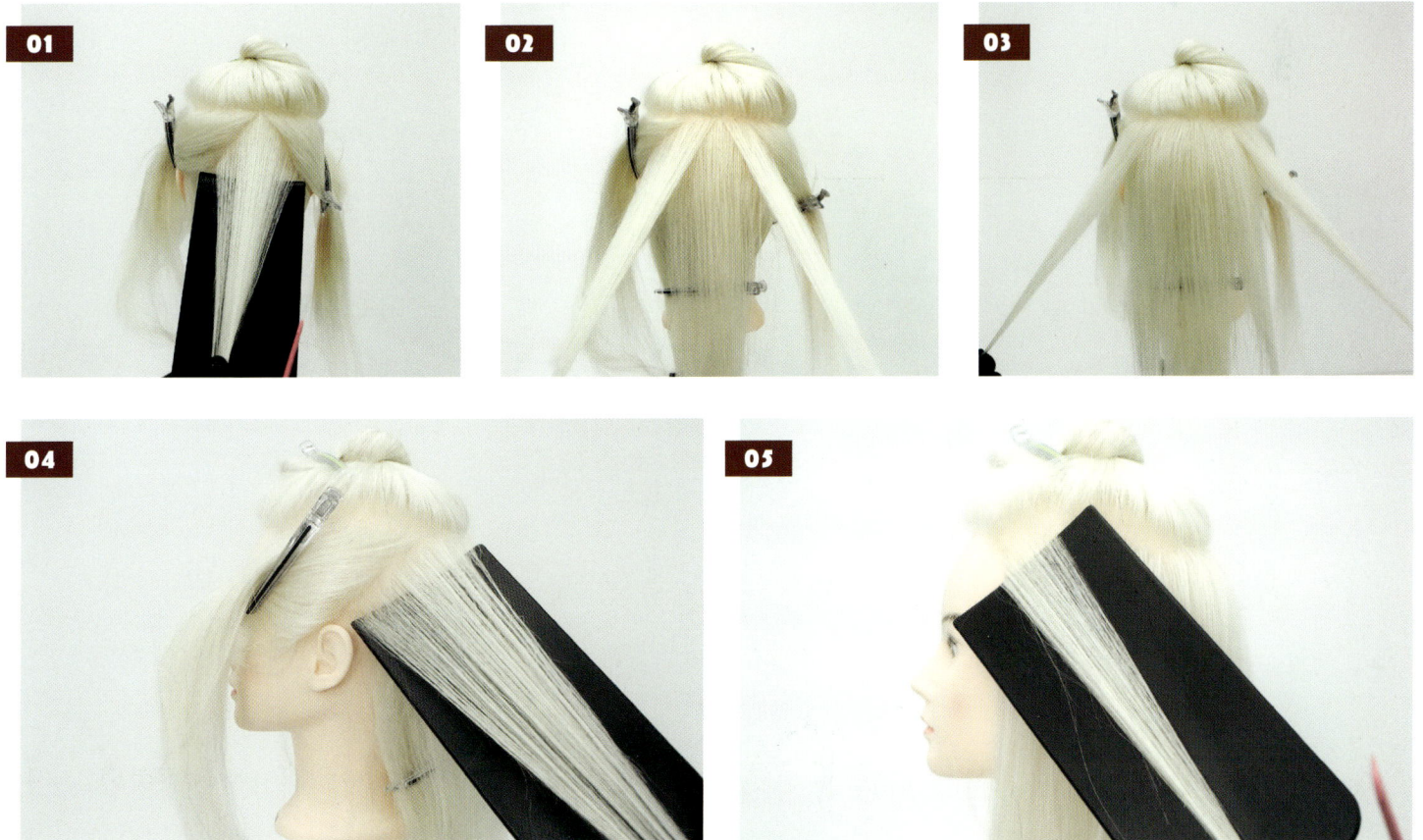

블리치 ✚ 온 스킬

STEP 14

원 베이스 포인트 강조 디자인

조화롭게 포인트를 강조하는 디자인으로 포인트 컬러만 강조되는 디자인으로 다양한 스타일링에도 포인트 컬러가 노출되어 밸런스가 좋은 설계입니다.

Bleach on skill

STEP 14   원베이스 포인트 강조 디자인

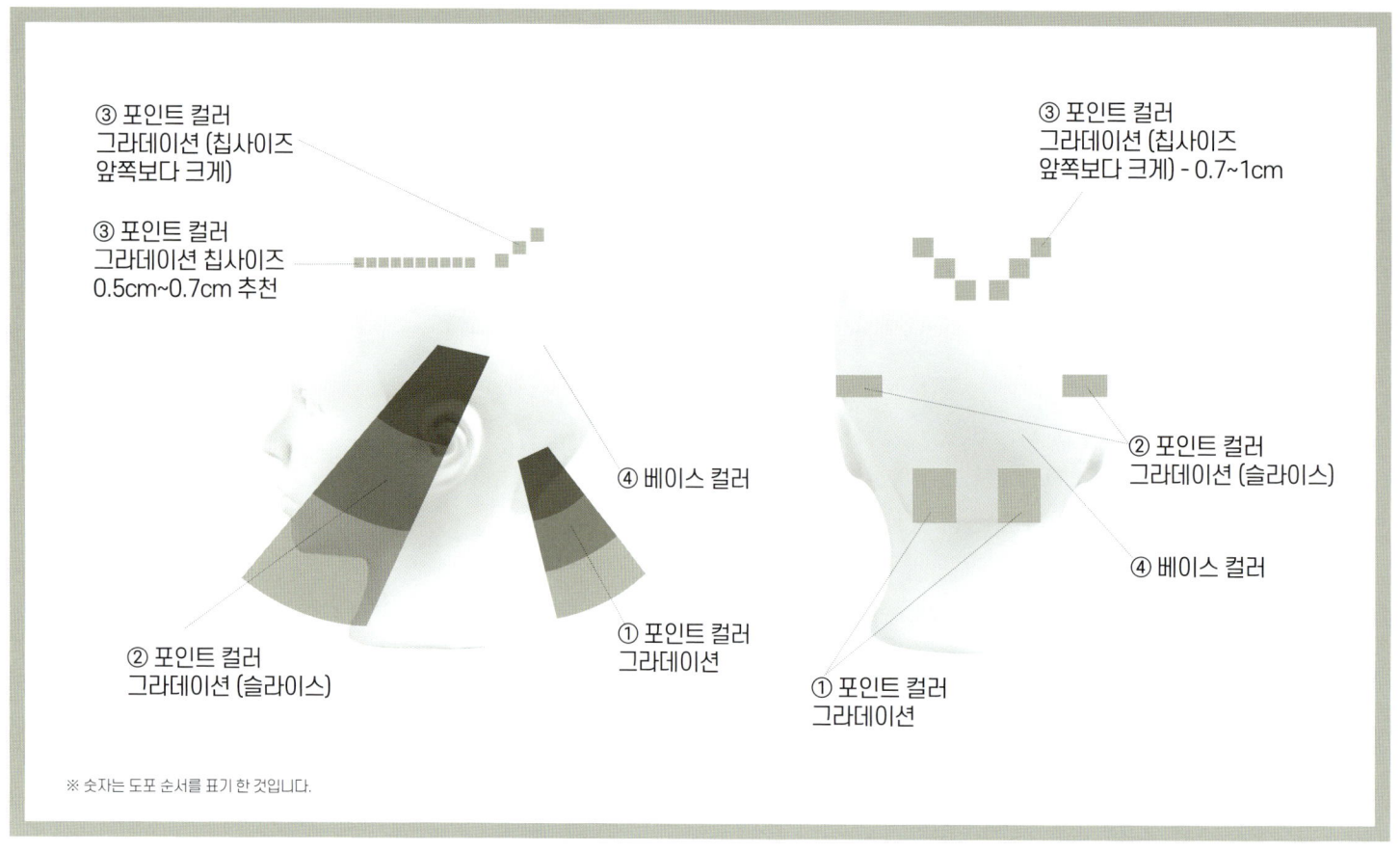

③ 포인트 컬러 그라데이션 (칩사이즈 앞쪽보다 크게)

③ 포인트 컬러 그라데이션 칩사이즈 0.5cm~0.7cm 추천

③ 포인트 컬러 그라데이션 (칩사이즈 앞쪽보다 크게) - 0.7~1cm

② 포인트 컬러 그라데이션 (슬라이스)

④ 베이스 컬러

① 포인트 컬러 그라데이션

② 포인트 컬러 그라데이션 (슬라이스)

④ 베이스 컬러

① 포인트 컬러 그라데이션

※ 숫자는 도포 순서를 표기 한 것입니다.

① 포인트 컬러 그라데이션   ①~④ 도포 순서   ■ 포인트 존

76   블리치온스킬

베이스는 파스텔 + 레인보우 예시	포인트만 넣은 예시

시술 가이드

- 겉단의 위빙과 이어라인, 네이프 라인에 포인트 디자인을 넣어 줍니다.

- 겉단의 위빙에서는 위빙 사이즈 0.5cm~0.7cm까지 선정하여 하나의 컬러나 다양한 컬러를 넣어주면 됩니다.
  컬러를 넣어 줄 때는 호일작업을 통해 이염을 방지해 주셔야 합니다.

- 포인트 디자인을 제외한 베이스 컬러는 원컬러 파스텔이나 내츄럴 컬러를 선정하는 것이 포인트를 강조하는데 효과가 좋습니다.
- 포인트 디자인의 장점은 임펙트 있는 디자인이라는 것이 가장 큰 장점으로 노출되는 존이기 때문에 소량의 모발로도 전체적인 화려함을 강조하는데 유용한 디자인입니다.
- 시술시간이 짧고 화려함을 주기에 효과적이기 때문에 추천드립니다.

* 시술 가이드 타임은 포인트 10분, 전체 염색 15분입니다.

포인트 응용 예시

블리치 ✚ 온 스킬
STEP 15

나뭇잎 전대각 패턴

다이애거널 파팅을 활용하여 다채로운 컬러가 세로의
선으로 표현되는 디자인입니다. 컬러의 질감표현
이나 율동감을 연출할 때 효과적인 디자인입니다.

Bleach on skill

블리치온스킬 79

STEP 15   나뭇잎 전대각 패턴

컬러
- 메인컬러 - 하늘색
- 서브컬러 - 유사색
- 포인트존 - 핑크색

③ 서브컬러: 유사색
② 베이스컬러: 메인컬러
① 포인트컬러

③ 서브컬러: 유사색
② 베이스컬러: 메인컬러
① 포인트컬러

※ 숫자는 도포 순서를 표기 한 것입니다.

예시 도포한 상태

컬러는 3가지

1. 메인컬러 (고객이 원하는컬러)
2. 서브컬러 (유사색)
3. 포인트컬러 (보색이나 채도의 차이가 많이 나는컬러 추천)

컬러의 색감차이가 많이 나는 경우 판넬 사이사이
호일을 덧대어 줘야 합니다.

③ 3서브컬러: 유사색
② 2베이스컬러: 메인컬러
① 1포인트컬러

직접염료 비비드함	산화염료 자연스러움

- 다양한 컬러가 조화롭게 표현되는 패턴입니다.
- 전대각 섹션을 활용하여 판넬에 다양한 컬러를 노출시키는 방법입니다.
- 화려한 디자인인 프리즘이나 유니콘 디자인을 할 때 존을 활용한 디자인 방법입니다.
- 디자인의 장점은 드라이를 하지 않아도 선으로 표현되며 조화롭게 표현되는 것이 장점입니다.
- 화려한 디자인을 원하시는 고객님들에게 추천합니다.
- 컬러 선정에서 톤온톤 혹은 유사색을 활용하여 베이스를 2가지를 선정하고 컬러 한 가지는 임펙트 컬러를 넣어주는 것이 전체적인 디자인을 좀 더 입체적으로 표현됩니다.
- 판넬사이즈는 1cm-2cm을 추천합니다.
- 판넬의 사이즈와 전대각 판넬 각도 정확하게 진행합니다.
- 첫 도포 컬러를 임펙트 컬러로 선정하는 것이 좋습니다.
- 컬러는 3 가지를 사용합니다.

나뭇잎 전대각 패턴+응용

응용편 나뭇잎 전대각 패턴+면그라데이션

컬러
- 1 메인컬러 2cm - 하늘
- 2 서브컬러 1cm - 보라
- 3 그라데이션 판넬 두께 1cm - 하늘 보라 핑크

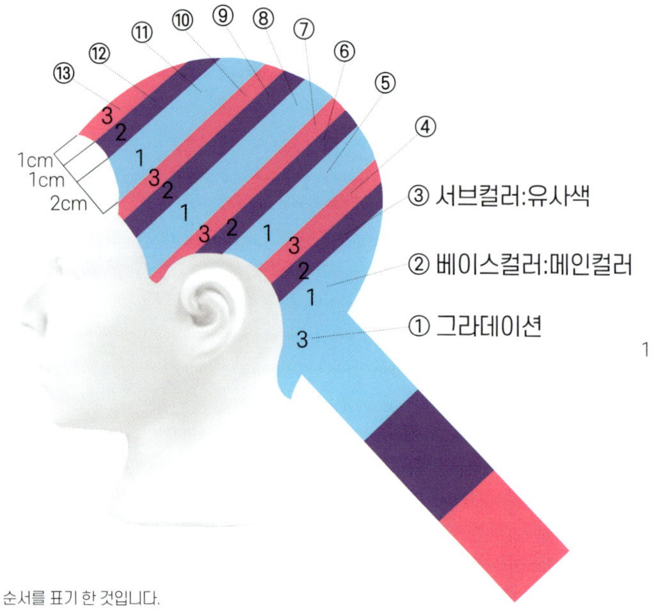

③ 서브컬러: 유사색
② 베이스컬러: 메인컬러
① 그라데이션

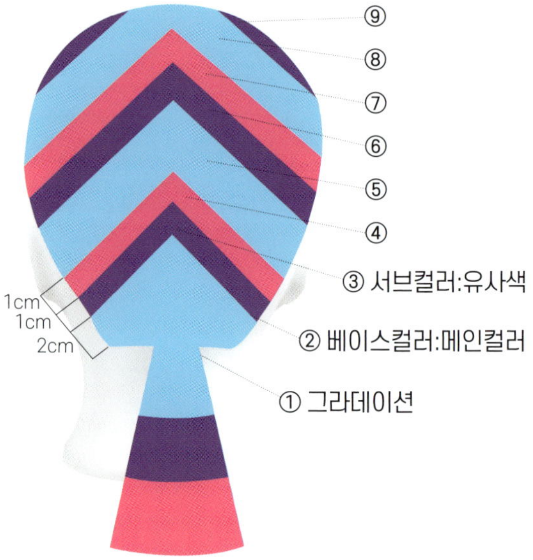

※ 숫자는 도포 순서를 표기 한 것입니다.

③ 그라데이션:
하늘 - 보라 - 핑크
② 서브컬러
① 메인컬러

메인컬러의 판넬 두께를 늘려 베이스 컬러의 양을 조절할 수 있습니다.
포인트 컬러에 면 그라데이션을 넣어주면 다채로운 컬러를 연출할 수 있습니다.

블리치 ✚ 온 스킬

STEP 16

유니콘 디자인 풀컬러

모든 컬러들을 노출시켜 화려하고 과감한 디자인 입니다. 다양한 테크닉을 활용하여 컬러를 조화롭게 연출하는 디자인 설계입니다.

Bleach on skill

| STEP 16 | 유니콘 디자인 풀컬러 |

고명도 저채도의 디자인

고명도 고채도의 디자인

- 다양한 컬러를 표현하는 디자인입니다.
- 전체적으로 채도 위주로 표현하는 것을 말합니다.
- 다양한 테크닉을 사용하여 디자인합니다.
- 베이스 : 원톤 : 전대각 나뭇잎, 영역을 나눠 설정합니다.
- 포인트 : 면그라데이션,위빙, 레인보우등
- 화려한 디자인이고 모든 컬러를 표현하 파워풀 한 디자인이기 때문에 화려한 것을 좋아하는 고객님들에게 추천하는 디자인입니다.
- 컬러의 개수는 최소 3~7가지 정도 사용합니다. 포인트 존과 베이스 존을 고려하여 포인트 존에는 베이스보다 좀 더 임펙트 있는 컬러를 선정하는 것이 좋습니다.
- 시술 가이드 타임 40분입니다.

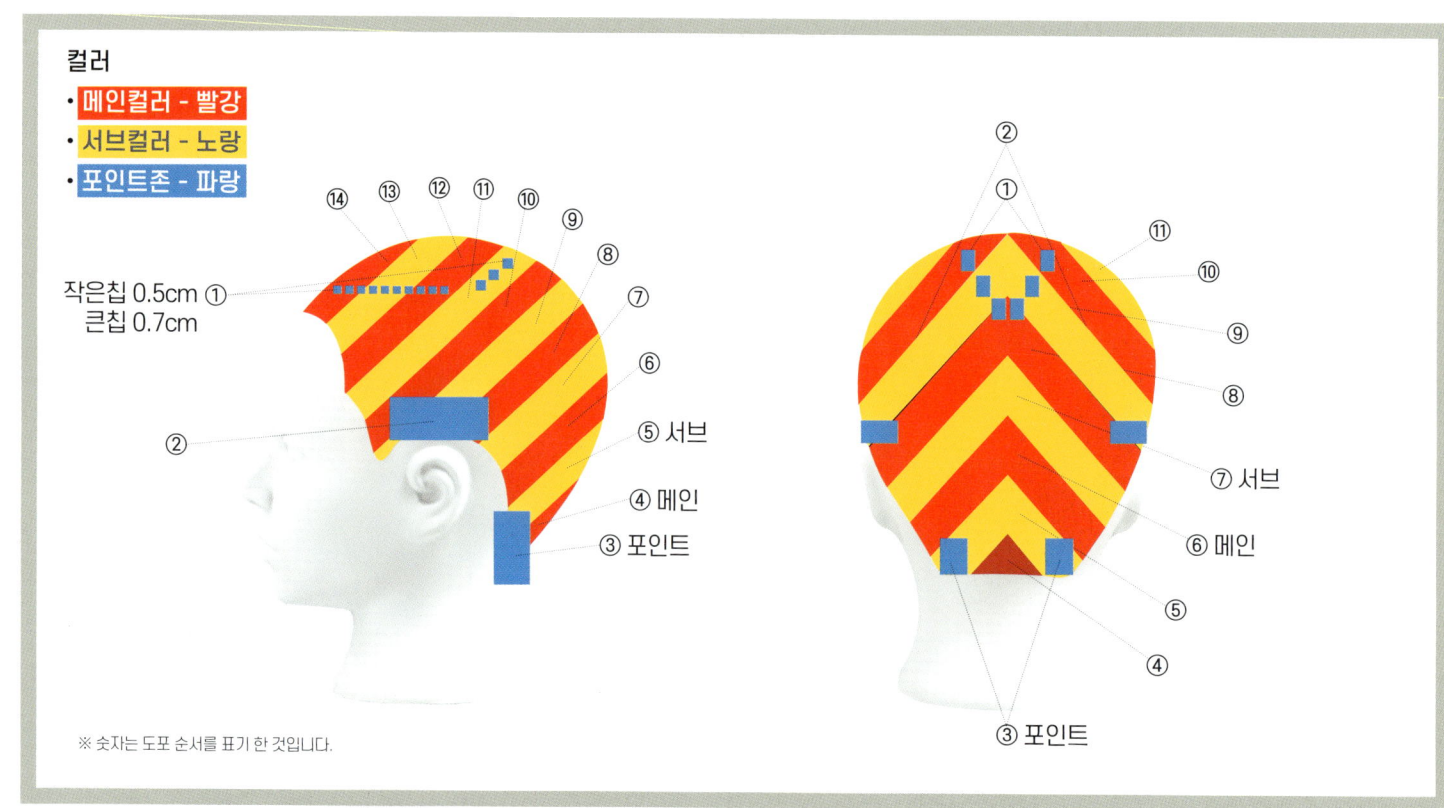

유니콘 디자인 풀컬러 응용(존)

※ 숫자는 도포 순서를 표기 한 것입니다.

컬러
- 메인컬러 - 파란색
- 서브컬러 - 초록색
- 포인트컬러 - 빨간색

존을 응용한 유니콘 컬러는?

최소 3가지 컬러 이상 사용해 주세요.
한 판넬마다 색이 겹치지 않는 것이 중요합니다.
붉은색 부분에는 포인트 컬러를 넣어주세요.

TIP 존을 많이 나눠 줄수록 선으로 표현됩니다.
두상 중간 부분에서는 전체적인 베이스를 표현하는 영역으로 베이스 컬러와 서브 컬러로 표현해 주는 것이 좋습니다.

- 메인컬러
- 서브컬러
- 포인트컬러

동영상 보러가기

유니콘 디자인 풀컬러 응용 (위빙, 면그라데이션)

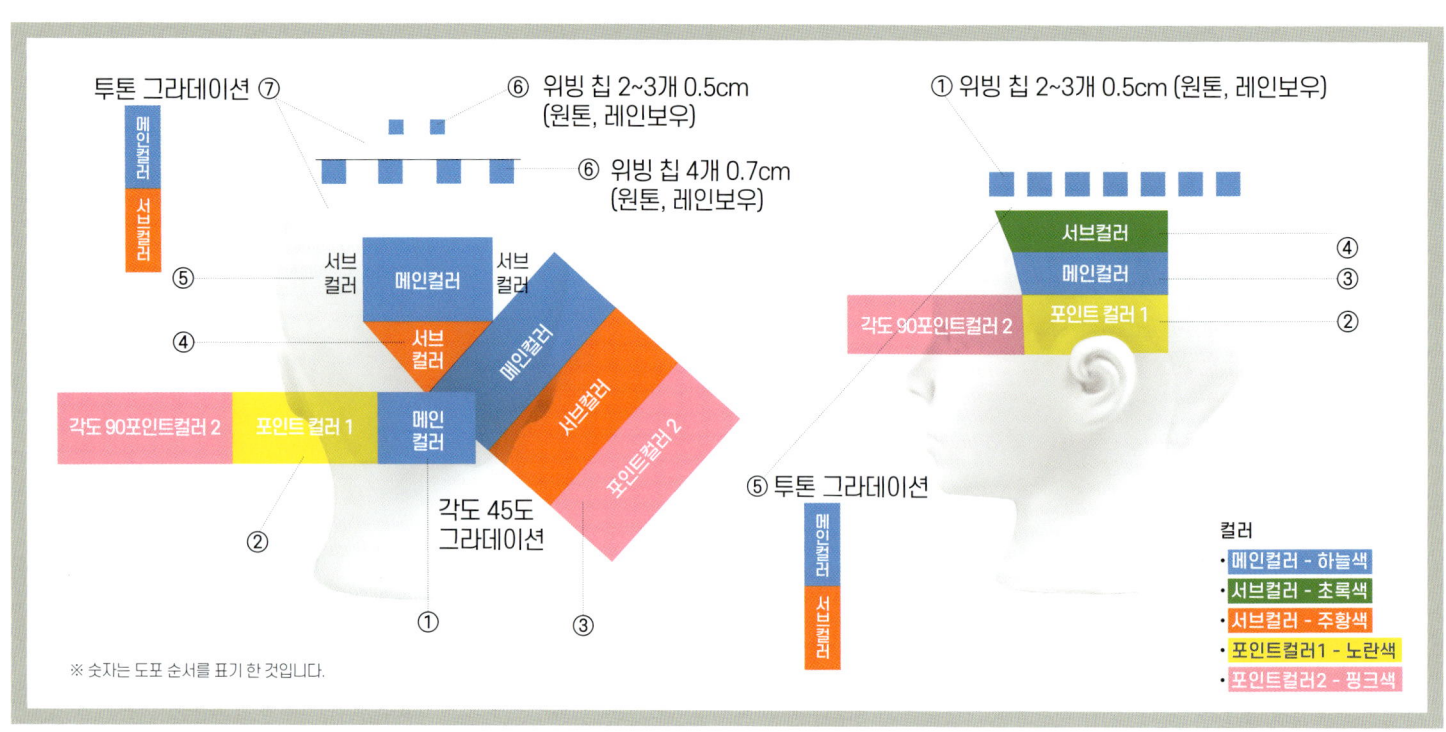

위빙 면 그라데이션을 응용한 유니콘 디자인은?

포인트컬러를 강조하고 전체적으로 자연스러운 것이 특징입니다.
각도를 이용하여 색과 색의 연결을 자연스럽게 만들어줍니다.
컬러는 4가지 설정해 주세요.

메인컬러: 전체적으로 표현되는 컬러
서브컬러: 질감을표현
포인트컬러1: 보색이나 채도의 차이가 많이 나는 컬러
포인트컬러2: 보색이나 채도의 차이가 많이 나는 컬러

② 각도를 활용한 그라데이션
절단된 느낌이 아닌 자연스러운 연결 연출

⑥ 위빙 칩 2~3개 0.5cm (원톤, 레인보우)
겉단 노출되기 때문에 라인이 얇을수록 유리합니다.

⑦ 투톤 그라데이션
노출되는 부분을 그라데이션으로 표현하면 고급스러운 질감이 표현됩니다.

Bleach on skill

염색이란?

물들이는 것으로 색이 표현되기 위해서 탈색이 되어야 하는 것처럼 성장하기 위해서 마음을 비우고 물들여 지길 바랍니다.

초판 1쇄 : 2023년 9월 27일

펴낸이 : 정환수

펴낸곳 : 드림북매니아

저자 : 장재원, 진이

편집 : 최지민

등록 : 제 321-2008-00066

주소 : 서울시 송파구 12-5 미성빌딩

총판 : 드림북매니아 (02-512-8776 / 010-4212-3232)

전자우편 : dabin621@naver.com

일본서적 안내 : http://cafe.daum.net/dream-book

ISBN : 979-11-88104-31-4

정가 : 48,000원

이 책의 내용을 무단 복사나 복제, 전재는 저작권법에 저촉되며,
적발 시 법적 제재를 받을 수 있습니다.

잘못된 책은 바꾸어드립니다.